高职高专国家优质院校计算机系列教材

MySQL 数据库项目式教程

主　编　郭水泉　关丽梅　王世刚

副主编　吴佳骅　段　炼　张　玮

参　编　陈文博　章璇娅

西安电子科技大学出版社

内 容 简 介

本书详细介绍了如何安装、管理、备份、维护和优化一个 MySQL 系统。全书分为八个单元，分别为数据模型的规划与设计、数据库和表的创建与管理、数据操作、数据查询、数据视图和索引、存储过程和存储函数、触发器、数据库管理。

作者根据高等职业教育的特点和要求，遵循"基于工作过程"的教学原则，采用任务驱动方式编写本书，其中每个单元都以若干个具体的学习任务为主线，结合大量案例，引导读者理解、掌握 MySQL 系统的相关知识。

本书适合 MySQL 数据库初学者，可作为高职高专院校计算机及相关专业学生的教材或教学参考书，也适合所有希望学习 MySQL 数据库的读者参考。

图书在版编目(CIP)数据

MySQL 数据库项目式教程/郭水泉，关丽梅，王世刚主编.
—西安：西安电子科技大学出版社，2017.7(2021.3 重印)
ISBN 978-7-5606-4574-2

Ⅰ. ① M⋯　Ⅱ. ① 郭⋯　② 关⋯　③ 王⋯　Ⅲ. ① SQL 语言—教材　Ⅳ. ① TP311.132.3

中国版本图书馆 CIP 数据核字(2017)第 161829 号

策　　划　李惠萍
责任编辑　杨　璠
出版发行　西安电子科技大学出版社(西安市太白南路 2 号)
电　　话　(029)88242885　88201467　　　邮　编　710071
网　　址　www.xduph.com　　　　　　　电子邮箱　xdupfxb001@163.com
经　　销　新华书店
印刷单位　咸阳华盛印务有限责任公司
版　　次　2017 年 7 月第 1 版　　2021 年 3 月第 4 次印刷
开　　本　787 毫米×1092 毫米　1/16　印　张　8.5
字　　数　207 千字
印　　数　7001～9000 册
定　　价　21.00 元
ISBN 978-7-5606-4574-2/TP

XDUP 4866001-4

如有印装问题可调换

前　言

　　MySQL 被称为"最受欢迎的开源数据库"，具有开源数据库速度快、易用性好、支持 SQL 和网络、可移植、费用低等特点，越来越成为中小企业应用数据库的首选。为适应企业发展与企业用人之需要，结合高职院校学生的能力水平和学习特点及就业需要，我们以"实用为主，理论必需和够用为度"为原则编写了本书。

　　本书采用项目导向、任务驱动方式编写，将数据库的设计与管理分为八个单元，分别为数据模型的规划与设计、数据库和表的创建与管理、数据操作、数据查询、数据视图和索引、存储过程和存储函数、触发器、数据库管理。每个单元包含若干个精心设计的学习任务，将知识点融入到实际任务的讲解和完成任务的过程中，使读者由浅入深、全面系统地掌握 MySQL 的相关知识。

　　本书以 petshop(宠物商店)数据库设计与管理为主线组织教学内容，全面系统地介绍了数据库规划、创建、管理的基本知识。作者将 petshop 数据库的设计与管理转化为八个学习单元，每个单元对应一个学习情境，每个学习情境布置若干个任务，通过任务的完成，引导学生逐步掌握相关知识，并在每个单元最后安排技能训练，通过技能训练，进一步强化学生对知识的掌握程度。

　　本书设有任务案例和训练案例，每个案例都贯穿整本书，通过案例将各项知识前后有机衔接。本书的教学方法为任务驱动式，教学过程建议采用情景导入、布置任务、知识讲解(应用举例)、完成任务、强化练习的方式循序渐进开展，比如先用学习情境导入学习任务，然后通过应用举例的方式进行示范性教学，再让学生完成任务，最后通过技能训练巩固提高。

　　本书附录部分为读者提供了 MySQL 数据库考试真题，供读者学习参考。

　　本书单元 1 和单元 2 由关丽梅编写，单元 3 和单元 4 由郭水泉编写，单元 5 由吴佳骅编写，单元 6 和单元 7 由段炼编写，单元 8 由王世刚编写。在编写过程中还得到了张玮、陈文博、章璇娅等老师的大力支持与帮助，他们提出了很多宝贵的意见和建议，在此一并向各位表示衷心的感谢。

　　由于时间仓促，加之水平有限，书中难免存在疏漏和不足之处，敬请广大读者批评指正。

编　者

2017 年 5 月

目　　录

单元1 数据模型的规划与设计

【任务描述】

学习数据库首先从了解数据库的基础知识开始，需要了解数据库的基本概念，掌握数据模型的设计方法，掌握数据库设计的规范化理论。

【学习目标】

(1) 了解数据库的基础知识；

(2) 了解数据模型的相关知识；

(3) 掌握 E-R 图的设计方法；

(4) 掌握关系数据库的范式理论。

1.1　数据库基础知识

1. 数据与数据库

数据(Data)是事实或观察的结果，是对客观事物的逻辑归纳，是用于表示客观事物的未经加工的原始素材。数据是信息的表现形式和载体，可以是符号、文字、数字、语音、图像、视频等。

数据库(Database)是按照数据结构来组织、存储和管理数据的建立在计算机存储设备上的仓库。在日常工作中，常常需要把某些相关的数据放进这样的"仓库"，并根据管理的需要进行相应的处理。

严格来说，数据库是长期储存在计算机内的有组织的、可共享的数据集合。数据库中的数据以一定的数据模型组织、描述和储存在一起，具有尽可能小的冗余度、较高的数据独立性和易扩展性，并可在一定范围内为多个用户共享。

2. 数据库的发展

数据库的发展大致划分为如下几个阶段：人工管理阶段、文件系统阶段、数据库系统阶段。

(1) 人工管理阶段。20 世纪 50 年代中期之前，计算机的软硬件均不完善。硬件存储设备只有磁带、卡片和纸带，软件方面还没有操作系统，当时的计算机主要用于科学计算。这个阶段由于还没有软件系统可以对数据进行管理，程序员在程序中不仅要规定数据的逻辑结构，还要设计其物理结构，包括存储结构、存取方法、输入/输出方式等。当数据的物理组织或存储设备发生改变时，用户程序就必须重新编制。由于数据的组织面向应用，不同的计算程序之间不能共享数据，使得不同的应用之间存在着大量的重复数据，很难维护应用程序之间数据的一致性。

(2) 文件系统阶段。这一阶段的主要标志是计算机中有了专门管理数据库的软件——操作系统(文件管理)。上世纪 50 年代中期到 60 年代中期，由于计算机大容量存储设备(如硬盘)的出现，推动了软件技术的发展，而操作系统的出现标志着数据管理步入了一个新的阶段。在文件系统阶段，数据以文件为单位存储在外存上，且由操作系统统一管理。操作系统为用户使用文件提供了友好的界面。文件的逻辑结构与物理结构脱钩，程序和数据分离，使数据与程序有了一定的独立性。用户的程序与数据可分别存放在外存储器上，各个应用程序可以共享一组数据，实现了以文件为单位的数据共享。但由于数据的组织仍然是面向程序的，所以存在大量的数据冗余，而且数据的逻辑结构不能方便地修改和扩充，数据逻辑结构的每一点微小改变都会影响到应用程序。由于文件之间互相独立，因而它们不能反映现实世界中事物之间的联系，操作系统不负责维护文件之间的联系信息。如果文件之间有内容上的联系，那也只能由应用程序去处理。

(3) 数据库系统阶段。20 世纪 60 年代后，随着计算机在数据管理领域的普遍应用，人们对数据管理技术提出了更高的要求：希望面向企业或部门，以数据为中心组织数据，减少数据的冗余，提供更高的数据共享能力；同时要求程序和数据具有较高的独立性，当数据的逻辑结构改变时，不涉及数据的物理结构，也不影响应用程序，以降低应用程序研制与维护的费用。数据库技术正是在这样一个应用需求的基础上发展起来的。

3. 数据库管理系统

数据库管理系统(Database Management System，DBMS)是一种操纵和管理数据库的大型软件，用于建立、使用和维护数据库。DBMS 对数据库进行统一的管理和控制，以保证数据库的安全性和完整性。用户可以通过 DBMS 访问数据库中的数据，数据库管理员也可以通过 DBMS 进行数据库的维护工作。DBMS 的基本功能如下：

(1) 采用复杂的数据模型表示数据结构，数据冗余小、易扩充，实现了数据共享。

(2) 具有较高的数据和程序独立性，数据库的独立性有物理独立性和逻辑独立性。

(3) 数据库系统为用户提供了方便的用户接口。

(4) 数据库系统提供了四个方面的数据控制功能，分别是并发控制、恢复、完整性和安全性。数据库中各个应用程序所使用的数据由数据库系统统一规定，按照一定的数据模型组织和建立，由系统统一管理和集中控制。

(5) 增加了系统的灵活性。

4. 数据库系统

数据库系统(Database System，DBS)是由数据库及其管理软件组成的系统。数据库系统是为适应数据处理的需要而发展起来的一种较为理想的数据处理系统，也是一个为实际可运行的存储、维护和应用系统提供数据的软件系统，是存储介质、处理对象和管理系统的集合体。

5. 常见的关系型数据库管理系统

常见的关系型数据库管理系统产品有 Oracle、SQL Server、Access、MySQL。

1) Oracle

Oracle 是 1983 年推出的世界上第一个开放式商品化关系型数据库管理系统。它采用标准的 SQL 结构化查询语言，支持多种数据类型，提供面向对象存储的数据支持，具有第四代语言开发工具，支持 Unix、Windows NT、OS/2、Novell 等多种平台。除此之外，它还具有很好的并行处理功能。Oracle 产品主要由 Oracle 服务器产品、Oracle 开发工具、Oracle 应用软件组成，也有基于微机的数据库产品，主要满足对银行、金融、保险等企业、事业开发大型数据库的需求。

2) SQL Server

SQL Server 最早出现在 1988 年，当时只能在 OS/2 操作系统上运行。2000 年 12 月，微软发布了 SQL Server 2000，该软件可以运行于 Windows NT/2000/XP 等多种操作系统之上，是支持客户机/服务器结构的数据库管理系统，它可以帮助各种规模的企业管理数据。随着技术的不断进步，SQL Server 在易用性、可靠性、可收缩性、支持数据仓库、系统集成等方面日趋完美。特别是 SQL Server 的数据库搜索引擎，可以在绝大多数的操作系统之上运行，并针对海量数据的查询进行了优化。目前 SQL Server 已经成为应用最广泛的数据库产品之一。由于使用 SQL Server 不但要掌握 SQL Server 的操作，而且还要能熟练掌握 Windows NT/2000 Server 的运行机制及 SQL 语言，所以 SQL Server 对非专业人员的学习和使用有一定的难度。

3) Access

Access 是在 Windows 操作系统下工作的关系型数据库管理系统。它采用了 Windows 程序设计理念，以 Windows 特有的技术设计查询、用户界面、报表等数据对象，内嵌了 VBA(Visual Basic Application)程序设计语言，具有集成的开发环境。Access 提供图形化的查询工具和屏幕、报表生成器，用户建立复杂的报表、界面时无需编程和了解 SQL 语言，它会自动生成 SQL 代码。Access 被集成到 Office 中，具有 Office 系列软件的一般特点，如菜单、工具栏等。与其他数据库管理系统软件相比，Access 更加简单易学。一个普通的计算机用户，即使没有任何程序语言基础，仍然可以快速地掌握和使用它。最重要的一点是，Access 的功能比较强大，足以应付一般的数据管理及处理需要，适用于中小型企业数据管理。当然，在数据定义、数据安全可靠性、数据有效控制等方面，它比前面几种数据库产品要逊色不少。

4) MySQL

MySQL 是一个关系型数据库管理系统，由瑞典 MySQL AB 公司开发(目前属于 Oracle 旗下的公司)。在 WEB 应用方面，MySQL 是最好的、目前最流行的 RDBMS (Relational Database Management System，关系数据库管理系统) 应用软件之一。

MySQL 还是一种关联数据库管理系统，关联数据库将数据保存在不同的表中，而不是将所有数据放在一个大仓库内，这样就增加了速度并提高了灵活性。

MySQL 所使用的 SQL 语言是用于访问数据库的最常用的标准化语言。MySQL 软件采用了双授权政策，分为社区版和商业版。由于其体积小、速度快、总体拥有成本低，尤其是开放源代码这一特点，一般中小型网站的开发都选择 MySQL 作为网站数据库。MySQL 社区版的性能卓越，搭配 PHP 和 Apache 可组成良好的开发环境。MySQL 数据库的主要优势有：

(1) MySQL 是开放源代码的数据库；

(2) MySQL 的跨平台性较好；

(3) 具有价格优势；

(4) 功能强大且使用方便。

6. 结构化查询语言

结构化查询语言(Structured Query Language，SQL)是一种数据库查询和程序设计语言，用于存取数据以及查询、更新和管理关系数据库系统。SQL 同时也是数据库脚本文件的扩展名。

结构化查询语言是高级的非过程化编程语言，允许用户在高层数据结构上工作。它不要求用户指定对数据的存放方法，也不需要用户了解具体的数据存放方式，所以具有完全不同底层结构的不同数据库系统，可以使用相同的结构化查询语言作为数据输入与管理的接口。结构化查询语言的语句可以嵌套，这使它具有极大的灵活性和强大的功能。结构化查询语言的主要特点有：

(1) 一体化。SQL 集数据定义(DDL)、数据操纵(DML)和数据控制(DCL)于一体，可以完成数据库中的全部工作。

(2) 使用方式灵活。SQL 具有两种使用方式，既可以直接以命令方式交互使用，也可以嵌入使用，如嵌入到 C、C++、FORTRAN、COBOL、JAVA 等主语言中使用。

(3) 非过程化。利用 SQL 查询数据库时只提操作要求，不必描述操作步骤，也不需要导航。使用时只需要告诉计算机"做什么"，而不需要告诉它"怎么做"。

(4) 语言简洁，语法简单，好学好用。在 ANSI 标准中，SQL 只包含了 94 个英文单词，核心功能仅使用 6 个动词，语法接近英语口语，易于学习。

1.2 数据库的关系模型设计

【任务 1】若某学院只有一个正院长，画出学院与正院长实体的 E-R 图，如图 1-1 所示。

【任务 2】某学院有多个学生，画出学院与学生实体的 E-R 图，如图 1-2 所示。

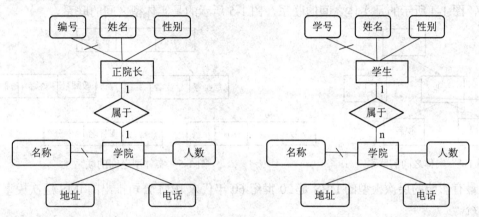

图 1-1 学院与正院长实体的 E-R 图　　图 1-2 学院与学生实体的 E-R 图

【任务 3】若一个学院可以开设多门课程，一门课程可以被多个学院开设，画出学院和课程实体的 E-R 图，如图 1-3 所示。

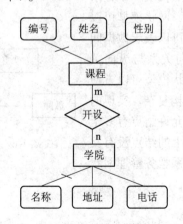

图 1-3 学院与课程实体的 E-R 图

【相关知识】

1. 数据模型

数据库的类型是根据数据模型来划分的，而任何一个 DBMS 都是根据数据模型有针对性地设计出来的，这就意味着必须把数据库组织成符合 DBMS 规定的数据模型。目前成熟地应用在数据库系统中的数据模型有：层次模型、网状模型和关系模型。它们之间的根本区别在于数据之间联系的表示方式不同(即记录型之间的联系方式不同)。层次模型以"树结构"表示数据之间的联系。网状模型以"图结构"来表示数据之间的联系。关系模型用"二维表"(或称为关系)来表示数据之间的联系。

1) 层次模型(Hierchical)

层次模型是数据库系统最早使用的一种模型，它的数据结构是一棵"有向树"。根结点在最上端，层次最高，子结点在下，逐层排列。层次模型的特征是：

- 有且仅有一个结点没有父结点，即根结点；
- 其他结点有且仅有一个父结点。图 1-4 与 1-5 所示为某校一个系教务管理层次数据模型，图 1-4 所示的是实体之间的联系，图 1-5 所示的是实体型之间的联系。

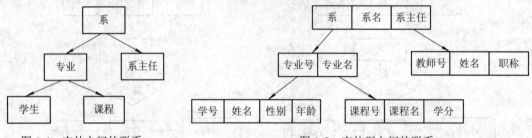

图 1-4   实体之间的联系   图 1-5   实体型之间的联系

最有影响的层次模型的 DBS 是 20 世纪 60 年代末 IBM 公司推出的 IMS 层次模型数据库系统。

2) 网状模型(Network)

网状模型以网状结构来表示实体与实体之间的联系。网中的每一个结点代表一个记录类型，联系用链接指针来实现。网状模型可以表示多个从属关系的联系，也可以表示数据间的交叉关系，即数据间的横向关系与纵向关系，它是层次模型的扩展。网状模型可以方便地表示各种类型的联系，但结构复杂，实现的算法难以规范化。其特征是：允许结点有多于一个的父结点；可以有一个以上的结点没有父结点。图 1-6 所示为某校一个系教务管理网状数据模型。

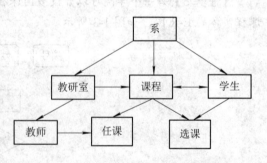

图 1-6   系教务管理网状数据模型

3) 关系模型(Relation)

关系模型以二维表结构来表示实体与实体之间的联系，它是以关系数学理论为基础的。关系模型的数据结构是一个"二维表框架"组成的集合。每个二维表又可称为关系。在关系模型中，操作的对象和结果都是二维表。关系模型是目前最流行的数据库模型。支持关系模型的数据库管理系统称为关系数据库管理系统，MySQL 就是一种关系数据库管理系统。表 1-1～表 1-4 所示为两个简单的关系模型，其中表 1-1 和表 1-2 所示为关系模式，表

1-3 和表 1-4 所示是这两个关系模式的关系，关系名称分别为教师关系和课程关系，每个关系均含 3 个记录(元组)。

表 1-1　教师关系结构

教师编号	姓名	性别	所在学院

表 1-2　课程关系结构

课程号	课程名	教师编号	上课教室

表 1-3　教 师 关 系

教师编号	姓名	性别	所在学院
10120801	王丽萍	女	经济管理
10090380	章永安	男	外事外语
10100907	胡明远	男	计算机

表 1-4　课 程 关 系

课程编号	课程名	教师编号	上课教室
J0-001	网络原理	10100907	2-4-101
A1-005	大学英语	10090380	2-5-103
10100907	会计学	10120801	1-502

关系模型具有如下特点：
- 描述的一致性，不仅用关系描述实体本身，而且也用关系描述实体之间的联系；
- 可直接表示多对多的联系；
- 关系必须是规范化的关系，即每个属性是不可分的数据项，不允许表中有表；
- 关系模型是建立在数学概念基础上的，有较强的理论依据。

关系模型中的基本数据结构就是二维表，不用像层次或网状那样的链接指针，记录之间的联系是通过不同关系中同名属性来体现的。例如，要查找"胡明远"老师所上的课程，可以先在教师关系中根据姓名找到教师编号"10100907"，然后在课程关系中找到"10100907"任课教师编号对应的课程名即可。通过上述查询过程，同名属性"教师编号"起到了连接两个关系的纽带作用。由此可见，关系模型中的各个关系模式不应当是孤立的，也不是随意拼凑的一堆二维表，它必须满足相应的要求。

2. 概念模型

概念模型是对真实世界中问题域内的事物的描述，是客观世界到信息世界的认识和抽象，是用户与数据库设计人员之间进行交流的语言。概念模型常用 E-R(Entity Relationship，实体-联系)图来表示。

1) E-R 图的组成要素及画法

E-R 图主要是由实体、属性和联系三个要素构成的。在 E-R 图中，使用了下面几种基本的图形符号。
- 实体：矩形。

- 属性：椭圆形或圆角矩形。
- 联系：菱形。

在 E-R 图中可以将实体与属性间用一根细线相连，另外在代表主键的属性(唯一标识实体的属性或属性组合)与实体间的连线上加一个短斜线，如图 1-7 所示。

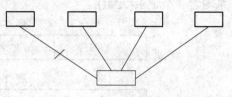

图 1-7　E-R 图的图形符号

2) 联系的分类

实体间的关系可分为以下三种：

(1) 一对一的联系(1∶1)。

例如，在一个班级只有一个正班长，反之一个学生只能在一个班级里任正班长，则班级与正班长之间具有一对一的联系。图 1-8 所示为正班长与班级实体的 E-R 图。

(2) 一对多的联系(1∶n)。

例如，在一个班级有多个学生，而一个学生只能属于一个班级，则班级与学生之间具有一对多的联系，如图 1-9 所示。

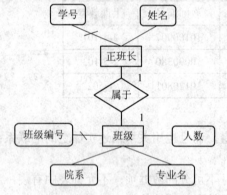

图 1-8　正班长与班级实体的 E-R 图

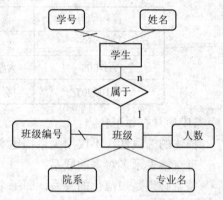

图 1-9　"学生"与"班级"的 E-R 图

(3) 多对多的联系(m∶n)。

例如，一个学生可以选择多个课程，反之一个课程可以被多个学生选，则学生与课程之间具有多对多的联系，如图 1-10 所示。

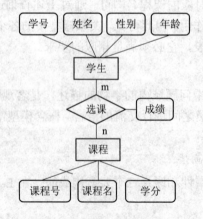

图 1-10　"学生"与"选课"的 E-R 图

1.3 规范化数据库设计

【任务4】如表1-5所示学生信息数据表不满足第一范式(1NF)，请将其改造为符合第一范式的形式。

表1-5 不满足第一范式的学生信息数据表

学号	姓名	性别	班 级
201610740102	王福贵	男	计算机学院网络专业1602班
201610720105	陈文霞	女	财经学院会计专业1605班
201510730104	李洪波	男	旅游学院空乘专业1504班

任务分析：班级列的数据项是可以拆分的，所以将它分成几个列就可以满足第一范式了，如表1-6所示。

表1-6 满足第一范式的学生信息数据表

学号	姓名	性别	学院	专业	班级
201610740102	王福贵	男	计算机	网络	1602
201610720105	陈文霞	女	财经	会计	1605
201510730104	李洪波	男	旅游	空乘	1504

【任务5】以下数据表1-7满足第一范式但不满足第二范式(2NF)，请将其改造为满足第二范式的数据表。

表1-7 不满足第二范式的学生选课表

学号	课程编号	课程名称	成绩
20150101	001	旅游英语	90
20150101	002	心理学	68
20150102	003	演讲与口才	80

任务分析：因为"成绩"依赖于组合关键字段("学号"+"课程编号")，而课程名称仅依赖于"课程编号"，即部分依赖于关键字段，故不满足第二范式，要满足第二范式只需将课程信息单独建立一个表就可以了，如表1-8和表1-9所示。

表1-8 课程信息表

课程编号	课程名称
001	旅游英语
002	心理学
003	演讲与口才

表 1-9　　满足第二范式的学生选课表

学　　号	课程编号	成绩
20150101	001	90
20150101	002	68
20150102	003	80

【任务 6】以下数据表 1-10 满足第二范式但不满足第三范式(3NF)，请将其改造为满足第三范式的数据表。

表 1-10　　不满足第三范式的数据表

学号	姓名	所在学院	学院办公地点	学院电话
201610740102	王福贵	计算机	计算机楼 1205	******
201610720105	陈文霞	财经	财贸大厦 502	******
201510730104	李洪波	旅游	L7 教学楼 806	******

任务分析：数据表的关键字是"学号"，由于存在如下的传递依赖关系：

(学号)→(所在学院)→(学院办公地点，学院电话)

所以不满足第三范式，现在将数据表拆分成学生信息表和学院信息表两个数据表就可以满足第三范式了，如表 1-11 和表 1-12 所示。

表 1-11　　学院信息表

学院名称	学院办公地点	学院电话
计算机	计算机楼 1205	******
财经	财贸大厦 502	******
旅游	L7 教学楼 806	******

表 1-12　　学生信息表

学号	姓名	所在学院
201610740102	王福贵	计算机
201610720105	陈文霞	财经
201510730104	李洪波	旅游

【相关知识】

构造数据库必须遵循一定的规则。在关系数据库中，这种规则就是范式。关系数据库中的关系必须满足一定的要求，即满足不同的范式。

目前关系数据库有六种范式：第一范式(1NF)、第二范式(2NF)、第三范式(3NF)、Boyce-Codd 范式(BCNF)、第四范式(4NF)和第五范式(5NF)。

满足最低要求的范式是第一范式(1NF)。在第一范式的基础上进一步满足更多要求的称为第二范式(2NF)，其余范式依次类推。一般说来，数据库只需满足第三范式(3NF)即可。

下面举例介绍第一范式(1NF)、第二范式(2NF)和第三范式(3NF)。

1. 第一范式(1NF)

所谓第一范式(1NF)，是指数据库表的每一列都是不可分割的基本数据项，同一列中不能有多个值，即实体中的某个属性不能有多个值或者不能有重复的属性。表1-13所示为不满足第一范式的员工基本情况表。

表1-13　不满足第一范式的员工基本情况表

工号	姓名	性别	年龄	住　　址
00001	张三	男	35	和平区胜利街205号，电话135********
00002	李四	女	26	武昌区太平街360号，电话156********
00003	王五	男	40	汉阳区鹦鹉街168号，电话138********

分析：表1-13的最后一列含有两个多个属性值，即住址和电话，是可以拆分成多个数据项的，故不满足第一范式。可以将最后一列拆分成两列，如表1-14所示，这样就满足第一范式了。

表1-14　满足第一范式的员工基本情况表

工号	姓名	性别	年龄	住址	电话
00001	张三	男	35	和平区胜利街205号	135********
00002	李四	女	26	武昌区太平街360号	156********
00003	王五	男	40	汉阳区鹦鹉街168号	138********

2. 第二范式(2NF)

第二范式(2NF)必须先满足第一范式(1NF)，而且该数据表中任何一个非主键字段的值完全依赖于主关键字。所谓完全依赖是指不能存在仅依赖主关键字一部分的属性。表1-15所示为某项目小时工资表。

表1-15　项目小时工资表

工程号	工程名称	职称	小时工资(元)
00001	地铁站	工程师	100
00001	地铁站	工人	50
00002	阳光大厦	工程师	90
00003	阳光大厦	工人	40

分析：表1-15中主键是"工程号"+"职称"，"小时工资"完全依赖于主键，其中非主键字段"工程名称"的值并不完全依赖于主键，而是部分依赖于主键，即只依赖主键中的"工程号"。

修正方法：将表1-15拆分为2个表。

工程：(工程号，工程名称)；

小时工资：(工程号，职务，小时工资)。

3. 第三范式(3NF)

第三范式(3NF)必须先满足第二范式(2NF)，如表1-16所示，而且非主键字段不能存在传递依赖关系。

表 1-16　职工基本情况表

职工号	姓名	性别	所在部门	部门地址	部门电话
00001	张三	男	工程部	南区 2 号楼	1003-4567
00002	李四	女	后勤部	北区 1 号楼	1003-4596
00003	王五	男	卫生部	北区 3 号楼	1003-6789

分析：表 1-16 满足第二范式，但因为存在以下传递依赖关系：

(职工号)→(所在部门)→(部门地址，部门电话)

所以不满足第三范式。那么它也存在数据冗余、插入异常、更新异常、删除异常的情况。

修正方法：将表 1-16 拆分成两个表。

职工：(职工号，姓名，性别，所在部门)；

学院：(部门名称，部门地址，部门电话)。

技 能 训 练

1. 画出学生和班级的 E-R 图(一个班级有多名学生。学生的信息主要有学号、姓名、性别。班级的信息主要有专业、名称、人数)。

2. 画出车间主任和车间的 E-R 图(一个车间只有一个车间主任。车间的信息主要有车间号、车间名、人数。车间主任信息主要有姓名、联系电话)。

3. 画出学生和图书的 E-R 图(一个学生可以借阅多本图书，一本图书可以被多个学生借阅。学生的信息主要有借书证号、姓名、性别。图书的信息主要有书号、出版社、作者、价格。借阅关系的信息主要有借书时间、应还时间、已还时间)。

4. 将如下一个员工的信息数据关系模型改造成符合第三范式的关系模型。

员工(员工编号，姓名，性别，年龄，部门编号，部门名称，部门电话)

5. 将如下一个会员的商品购买信息表改造成符合第二范式的关系模型。

会员(会员卡号，商品编号，商品名称，厂家，购买数量)

单元 2　数据库和表的创建与管理

【任务描述】

本单元首先学习 MySQL 数据库环境的安装与配置，再学习创建和管理数据库的命令，然后学习创建和管理数据表的命令，掌握数据完整性约束的相关理论。最后应会用图形化管理工具管理数据库和表。

【学习目标】

(1) 学会安装和配置 MySQL 数据库；

(2) 熟练掌握创建和管理数据库的语句；

(3) 熟练掌握创建和管理数据表的语句；

(4) 掌握数据完整性约束的相关理论；

(5) 会用图形界面工具管理数据库。

2.1　MySQL 的安装与配置

【任务 1】安装与配置 MySQL 服务器。

(1) 下载 MySQL 5.7 Windows 安装包(.msi 安装包文件)。

目前 MySQL 的最新版本是 5.7.17.0 版，其官网下载站点为 https://cdn.MySQL.com// Downloads/MySQLInstaller/MySQL-installer- community-5.7.17.0.msi，或者访问 MySQL 官网 https://dev.MySQL.com/downloads/MySQL/进行下载。

(2) 如果使用 Windows 8 以前的系统，必须下载 Microsoft .NET Framework 4，这是 MySQL 5.7 Windows 安装包执行安装过程中要求的运行环境，下载之后请立即安装，安装过程非常简单，此处不详述。下载地址：http://www.microsoft.com/zh-cn/download/details.aspx?id=17718。

(3) 双击 MySQL 5.7 的 msi 安装包，正式开始安装过程。

MySQL 5.7 是一个里程碑版本，功能上有很大改进，安装过程与之前版本也不太相同。

下面以图例方式详细介绍安装过程。

(1) 选择安装模式。通常情况下，选择默认的 Developer Default 即可，该模式适用于绝大多数用户。因为本课程只涉及 MySQL 服务器的使用，所以选择使用 Server only 模式，此模式将只安装服务器组件，安装过程也将十分简单。操作步骤按图 2-1～2-4 所示的线框指示进行。

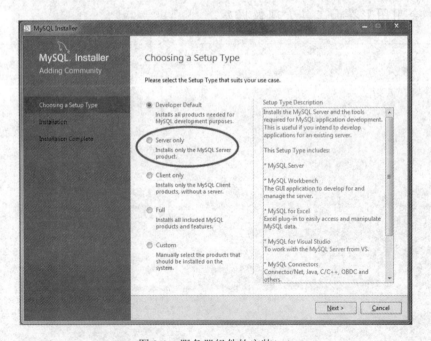

图 2-1　服务器组件的安装(一)

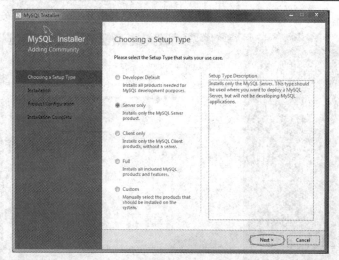

图 2-2　服务器组件的安装(二)

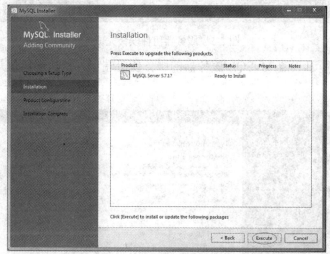

图 2-3　服务器组件的安装(三)

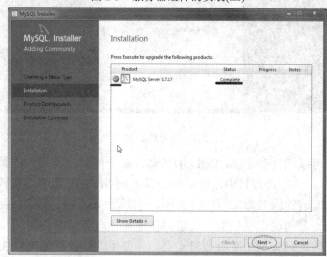

图 2-4　服务器组件的安装(四)

(2) 如图 2-5 所示，已完成组件选择，准备进入 MySQL 服务器组件安装配置过程。

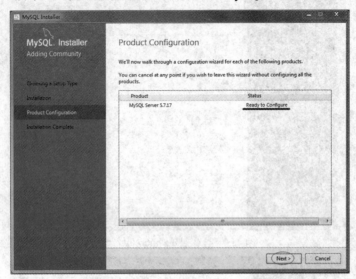

图 2-5　服务器组件安装完成

(3) 如图 2-6 所示设置 MySQL 服务器的服务侦听端口。默认端口值是 3306 ，通常不用修改。

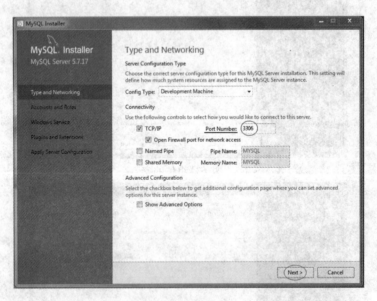

图 2-6　设置侦听端口

　　一台计算机中可以运行多个 MySQL 服务器，多个同种服务器中的某一个服务器称为一个"服务器实例"。如果计算机中已经安装了其他的 MySQL 服务器实例，而且要求这个服务器实例与现在安装的服务器实例同时工作，则需要修改端口值，例如改为 3316。同时，用户必须牢记自己设置的这个端口值，该值将在连接该服务器时使用。

　　在本实验中，假定只有这一个服务器实例，并使用默认的服务端口 3306。

(4) 如图 2-7 所示设置 MySQL 服务器 root 超级用户的登录密码。

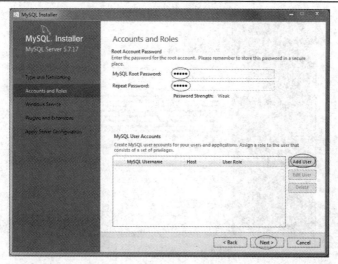

图 2-7　设置登录密码

安装旧版本的 MySQL 时，root 默认为空密码。从 MySQL 5.7 开始则必须设置 root 用户的密码。这里将 root 登录密码设置为 admin，注意要输入两次。

界面中的警告 Weak 提示刚才输入的密码太弱，不必理会该警告。

如果点击 Add User 按钮，可以创建一个用于安全连接的用户。

由于应用中通常直接使用 root 超级用户连接 MySQL 服务器，所以这里就不进行此项操作了。将来在需要安全用户的时候，可以用其他方式专门创建。

(5) 如图 2-8 所示设置 MySQL 服务器的名称。默认是 MySQL57，通常不用修改。

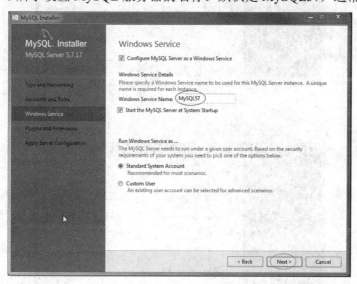

图 2-8　设置服务器名称

如果计算机中已经安装了其他的 MySQL 服务器实例，而且要求这个服务器实例与现在安装的服务器实例同时工作，则此处设置的名称不能与已有 MySQL 服务器实例的名称相同。

(6) 如图 2-9 所示设置插件与扩展，因本课程不涉及，直接按 Next 按钮。

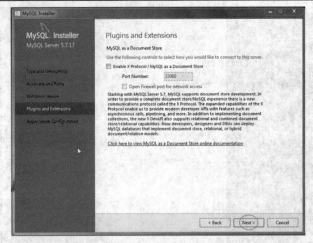

图 2-9　设置插件与扩展

(7) 如图 2-10 所示，已经完成了所有设置工作，点击 Excute 按钮，正式开始执行安装操作。

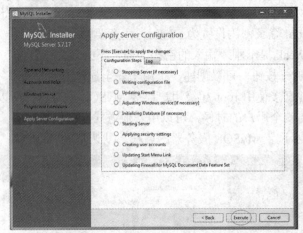

图 2-10　设置工作完成

(8) 如图 2-11 所示，已经安装完毕。

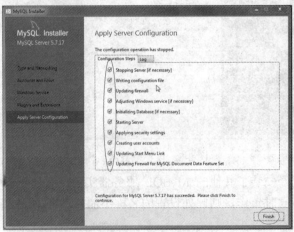

图 2-11　安装完成

后续还有两屏界面，仅用于显示一些通知信息，直接点击 Next 和 Finish 按钮即可。至此 MySQL 软件已安装完毕，且 MySQL 服务器已开始运行。

【任务 2】 启动 MySQL 软件内置的命令行客户端。

(1) 将 MySQL 安装完毕后，开始菜单中将出现程序项 MySQL Server 5.7，其中包含 MySQL 服务器系统内置的命令行管理客户端 MySQL 5.7 Cpmmand Line Client，程序项有两个，第一个是运行于 UTF8 模式的客户端，第二个运行于 ansi 模式。如果需要输入和显示中文，使用 UTF8 模式的客户端。如图 2-12 所示点选第一个程序项，使用 UTF8 模式的命令行客户端。

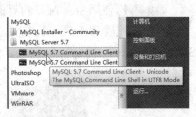

图 2-12 使用 UTF8 模式的客户端

(2) 选择客户端后将会打开如图 2-13 所示的一个命令行窗口。

图 2-13 命令行窗口

(3) 如图 2-14 所示，在命令行输入刚才在安装过程中设置的密码 admin(密码在窗口中显示为 "*" 号)。

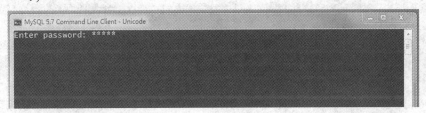

图 2-14 输入密码

(4) 如果输入的密码没有错误，窗口中将出现如图 2-15 所示的 MySQL> 提示符，表示现在处于 MySQL 命令行操作模式中，可以使用 SQL 操作命令对 MySQL 服务器进行管理和操作。

图 2-15 MySQL 提示符

学会在命令行窗口使用 SQL 操作命令对 MySQL 服务器进行管理和操作，这是一项非常基础的学习内容。

【任务 3】使用 MySQL 图形化管理工具 SQL-Front。

如果不想使用命令窗口的界面来管理 MySQL 数据库，也可以使用更加简单、方便、直观的图形化管理工具，目前第三方提供的各种常见的图形化界面的 MySQL 客户端有：SQL-Front.exe、SQLyogEnt.exe、phpMyAdmin，如下所示：

SQL-Front.exe

SQLyogEnt.exe

phpMyAdmin

其中，phpMyAdmin 是 php 动态网站形式的 MySQL 管理工具，特别适合于 php 网站开发设计者使用。

为了降低本课程的学习难度，我们将使用 SQL-Front 客户端，这是一个绿色免安装、使用方便、图形化的 MySQL 管理工具。使用方法如下：

(1) 直接将 SQL-Front 的压缩包解压到硬盘中，找到其中的 SQL-Front.exe 双击执行，这时将看到如图 2-16 所示的服务器登录窗口。

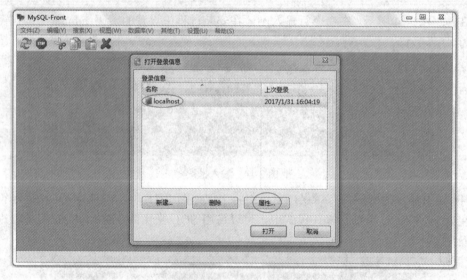

图 2-16　服务器登录窗口

(2) 第一次使用 SQL-Front 时，需要修改登录信息窗口中 localhost 登录项的属性，设置连接配置参数，使 SQL-Front 能够正确连接工作在 localhost 上的 MySQL 服务器，点击图 2-16 中的"属性"按钮进入参数配置界面。

(3) 如图 2-17 所示，输入服务器登录账户并设置端口号，用户名为 root，密码为 admin，端口号为 3306(如果安装时修改了服务器端口号，则还要相应地修改下面的端口栏目中的值)。然后点击"确定"，至此配置完成(以上配置工作只需进行一次，下次启动时将自动使用本次配置)。

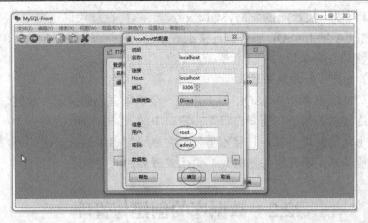

图 2-17　Localhost 的配置

(4) 点击图 2-18 中的"打开"按钮，登录 MySQL 服务器。

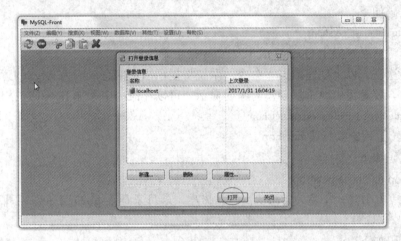

图 2-18　服务器登录窗口

(5) 如果以上参数输入正常将会打开如图 2-19 所示的 MySQL 服务器操作窗口，就可以方便地进行 Windows 图形化方式的数据库操作了。

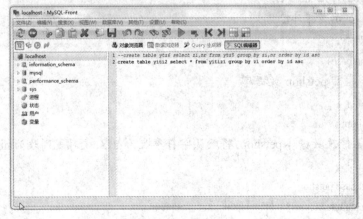

图 2-19　服务器操作窗口

SQL-Front 可以连接管理多个 MySQL 服务器，只需在登录信息窗口中点击"新建…"按钮，即可添加更多的 MySQL 服务器连接配置信息。这些添加的 MySQL 服务器的工作地址 Host、服务端口、登录信息都会有所差异。

【任务 4】连接与断开服务器。

在命令窗口情况下启动 MySQL 时会出现一个输入密码的提示，此时输入正确的密码就可以成功地连接服务器了，断开时只需在窗口中键入 exit 即可。

如果是图形化的管理工具，连接服务器时在登录窗口中输入正确的用户名和密码，可以成功地连接服务器，断开服务器时只需关闭管理界面的窗口。

2.2　数据库的创建与管理

【任务 5】创建一个名为 petshop 的数据库。

任务代码如下：

```
create database petshop;
```

按回车键后系统提示 Query OK 代表命令被正确执行。

如果再次键入以上创建数据库命令，系统将提示出错信息，因为 MySQL 不允许两个数据库同名。要避免出现重复创建的错误提示，可以在命令中添加 IF NOT EXISTS 选项：

```
create database if not exists petshop;
```

【任务 6】删除数据库 petshop。

任务代码如下：

```
drop database petshop;
```

【任务 7】创建一个名为 petshop 的数据库，采用字符集 gb2312 和校对规则 gb2312_chinese_ci。

任务代码如下：

```
create database petshop
default character set gb2312
collate gb2312_chinese_ci;
```

【任务 8】显示数据库。

任务代码如下：

```
show databases
```

【任务 9】打开 petshop 数据库。

任务代码如下：

```
use petshop;
```

【任务 10】修改数据库 petshop,将默认字符集改为 utf8,校对规则改为 utf8_general_ci。

任务代码如下：

```
alter database petshop
default character set utf8
collate utf8_general_ci;
```

【相关知识】

1. 创建数据库

MySQL 安装后，系统自动创建 information_scema 和 MySQL 数据库，这是系统数据库，MySQL 数据库的系统信息都存储在这两个数据库中。若删除了这些系统数据库，MySQL 则无法正常工作。而对于用户的数据，需要创建新的数据库来存放。

使用 CREATE DATABASE 或 CREATE SCHEMA 命令创建数据库。

语法格式：

CREATE {DATABASE|SCHEMA}[IF NOT EXISTS] 数据库名

[[DEFAULT] CHARACTER SET 字符集名

[DEFAULT] COLLATE 校对规则名]

语法格式说明：

"[ ]"内为可选项，"{ | }"表示二选一。

句中的大写单词为命令动词，输入时不能更改，MySQL 命令解释器对大小写不敏感。

语法说明：

· 数据库名，数据库的名字必须符合操作系统文件及文件夹命名规则，不区分大小写。

· IF NOT EXISTS ，创建数据库时先判断该名称的数据库是否已存在，只有不存在时才能创建。

· DEFAULT， 指定默认值。

· CHARACTER SET，指定数据库字符集，其后的字符集名要用 MySQL 支持的具体字符集名称。

· COLLATE，指定字符集的校对规则，其后的校对规则名要用 MySQL 支持的具体校对规则名称。

根据 CREATE DATABASE 的语法格式，在不使用"[ ]"内的可选项，将"{ | }"中的二选一选定 DATABASE 的情况下创建数据库的最简格式为：CREATE DATABASE。

2. MySQL 中的字符集和校对规则

字符集是一套符号和编码的规则，不论是在 Oracle 数据库还是在 MySQL 数据库，都存在字符集的选择问题，而且如果在数据库创建阶段没有正确选择字符集，那么可能在后期需要更换字符集，而字符集的更换是代价比较高的操作，也存在一定的风险。所以，推荐在应用开始阶段，就按照需求正确地选择合适的字符集，避免后期不必要的调整。

MySQL 服务器可以支持多种字符集(可以用 show character set 命令查看所有 MySQL 支持的字符集)，在同一台服务器、同一个数据库，甚至同一个表的不同字段都可以指定使用不同的字符集。相比 Oracle 等其他数据库管理系统，在同一个数据库只能使用相同的字符集，MySQL 明显存在更大的灵活性。

MySQL 的字符集包括字符集(CHARACTER)和校对规则(COLLATION)两个概念。字符集是用来定义 MySQL 存储字符串的方式，校对规则则定义了比较字符串的方式。字符集和校对规则是一对多的关系，MySQL 支持 30 多种字符集的 70 多种校对规则。

每个字符集至少对应一个校对规则，可以用 SHOW COLLATION LIKE 'utf8%';命令查看相关字符集的校对规则。

通常建议在能够完全满足应用的前提下，尽量使用小的字符集。因为更小的字符集意味着能够节省空间、减少网络传输字节数，同时由于存储空间的减小间接地提高了系统的性能。

有很多字符集可以保存汉字，比如 utf8、gb2312、gbk、latin1，等等，常用的是 gb2312 和 gbk。由于 gb2312 字库比 gbk 字库小，有些偏僻字(例如：氵名)不能保存，因此在选择字符集的时候一定要权衡这些偏僻字在应用时出现的几率以及造成的影响，不能做出肯定答复的话最好选用 gbk。

MySQL 的字符集和校对规则有四个级别的默认设置：服务器级、数据库级、表级和字段级。分别设置在不同的地方，作用也不相同。

服务器字符集和校对规则在 MySQL 服务器启动的时候确定，可以选择在 my.cnf 中设置：

```
[MySQLd]
default-character-set=utf8
```
或者在启动选项中指定：
```
MySQLd --default-character-set=utf8
```
或者在编译的时候指定：
```
./configure --with-charset=utf8
```

如果没有特别地指定服务器字符集，默认使用 latin1 作为服务器字符集。上面三种设置的方式都只指定了字符集 utf8，没有指定校对规则，即使用该字符集默认的校对规则，如果要使用该字符集的非默认校对规则，则需要在指定字符集的同时指定校对规则。

例 2-1 使用 gbk 字符集和校对规则，代码如下：
```
CREATE DATABASE test
 DEFAULT CHARACTER SET gbk
COLLATE gbk_chinese_ci;
```
例 2-2 使用 utf8 字符集和校对规则，代码如下：
```
CREATE DATABASE test2
 DEFAULT CHARACTER SET utf8
COLLATE utf8_general_ci;
```

3. 显示系统已创建的数据库名称

语法格式：
```
SHOW   DATABASES
```
语法说明：

该命令没有参数，执行后将系统所有已存在的数据库名列出来。

4. 打开数据库

创建了数据库以后可以用 USE 命令指定它为当前数据库。

语法格式：

USE   数据库名

5. 修改数据库

若要修改数据库的参数，可以使用 ALTER　DATABASE 命令。

语法格式：

ALTER {DATABASE | SCHEMA} [数据库名]

[DEFAULT] CHARACTER SET　字符集名

| [DEFAULT] COLLATE　校对规则名

语法说明：

・ 数据库名称可以忽略，此时，语句对应于默认数据库。

・ CHARACTER SET，用于更改默认的数据库字符集。

・ COLLATE 指校对集，可以理解为排序规则，用于更改默认的数据库字符校对规则。

(1) MySQL 选择数据库字符集和数据库校对规则时规则如下：

① 如果指定了 CHARACTER SET X 和 COLLATE Y，那么采用字符集 X 和校对规则 Y。

② 如果指定了 CHARACTER SET X 而没有指定 COLLATE Y，那么采用 CHARACTER SET X 和 CHARACTER SET X 的默认校对规则。

③ 如果没有指定，那么采用服务器字符集和服务器校对规则。

(2) ALTER DATABASE 用于更改数据库的全局特性。这些特性存储在数据库目录中的 db.opt 文件中。要使用 ALTER DATABASE，需要获得数据库 ALTER 权限。

6. 删除数据库

删除已经创建的数据库可以使用 DROP　DATABASE 命令。

语法格式：

DROP　DATABASE [IF EXISTS]数据库名

语法说明：

IF　EXISTS，检测数据库是否存在，不存在时不删除也不报错。

【注意】：使用 DROP DATABASE 命令时要小心，因为它将永久删除数据库的信息，包括所有的表和数据。

2.3　数据库表的创建与管理

【任务 11】打开数据库 petshop，其中创建数据表 account。

任务分析：顾客信息表 account 的结构如表 2-1 所示。

表 2-1　account 数据表的结构

属性名称	类型与长度	中文含义	备　　注
userid	char(6)	客户 id 号	主键，非空
fullname	varchar(10)	客户姓名	非空
password	varchar(20)	客户密码	非空
sex	char(2)	客户性别	非空
address	varchar(40)	客户住址	
email	varchar(20)	客户邮箱	
phone	varchar(11)	客户电话	

任务代码如下：

```
use petshop;
create table account(
userid char(6) not null,
fullname varchar(10) not null,
password varchar(20) not null,
sex char(2) not null,
address varchar(40) null,
email varchar(20) null,
phone varchar(11) not null,
primary key(userid)
);
```

【任务 12】向数据表 account 添加 phone 列。

任务分析：phone 列的说明如表 2-2 所示。

表 2-2　phone 列的说明

属性名称	类型与长度	中文含义	备注
phone	varchar(11)	客户电话	

任务代码如下：

```
alter account
add phone varchar(11);
```

【任务 13】将 account 表重命名为 account1。

任务代码如下：

```
alter account
rename to account1;
```

【任务 14】显示数据表 account1 的结构。

任务代码如下：

```
describe account1;
```

【任务 15】复制生成一个与 account1 结构相同的数据表 account。

任务代码如下：

```
create table account like account1;
```

【任务 16】删除数据表 account1。

任务代码如下：

```
drop table if exists account1;
```

【相关知识】

1. 建数据表

创建数据表使用 CREATE　TABLE 命令。

语法格式：

CREATE　TABLE [IF NOT EXISTS] 表名(

列名　数据类型　[NOT NULL|NULL]　[DEFAULT　列默认值]...
)
语法说明：

· IF NOT EXITST，在创建表前加一个判断，只有该表不存在时才执行创建表的操作，避免执行时出现错误。

· 表名，要创建的表的名称，表名必须符合标识符规则。

· 列名，表中列的名称，列名必须符合标识符规则，长度不能超过 64 个字符，而且在表中要唯一。

· 数据类型，列的数据类型，有的类型需要指定长度并用括号括起来。

· NOT NULL|NULL，指定该列是否允许为空，默认值为 NULL。

· DEFAULT 列默认值，为列指定默认值，默认值必须为一个常数。

2. 修改表

ALTER　TABLE 用于更改表的结构。

语法格式：

ALTER [IGNORE]　TABLE 表名

　　ADD 列名　[FIRST|AFTER 列名]

　　|ALTER 列名　{SET DEFAULT　默认值|DROP DEFAULT}

　　|CHANGE 旧列名　列定义　[FIRST|AFTER 列名]

　　|MODIFY 列定义　[FIRST|AFTER 列名]

　　|DROP 列名

　　|RENAME　TO 新表名

语法说明：

· IGNORE，若在修改后的新表中存在重复关键字，如果没有指定 IGNORE 则操作失败，指定了 IGNORE 则对于有重复关键字的行只使用第一行，其他有冲突的行被删除。

· 列定义，定义列的数据类型和属性。

· ADD 子句，向表中增加新列。

· FIRST|AFTER 列名，表示在第一列添加或在某列的后面添加。

· ALTER 列名，修改表中某列的默认值。

· CHANGE 子句，修改列的名称。

· MODIFY 子句，修改指定列的类型。

· DROP 子句，删除列。

· RENAME 子句，修改表的名称。

3. 复制表

当要建立的数据表与已有的数据表结构相同时，可以采用复制表的方法复制现有数据表的结构，也可以同时复制表中的数据。

语法格式：

CREATE　TABLE[IF NOT EXISTS] 新表名

[LIKE 参照表]

|[AS (SELECT 语句)]

语法说明:

· LIKE, 使用 LIKE 关键字创建一个与参照表名相同结构的新表, 列名、数据类型、空指定和索引也将被复制, 但是表的内容不会被复制, 因此创建的新表是一个空表。

· AS, 使用 AS 关键字可以复制表的内容, 但索引和完整性约束是不会被复制的。SELECT 语句表示一个表达式, 例如, 可以是一条 SELECT 语句。

4. 删除表

需要删除一个表时可以使用 DROP TABLE 语句。

语法格式:

DROP　TABLE [IF EXISTS] 表名 1[,表名 2]...

语法说明:

· 表名, 要被删除的表的名称。

· IF EXISTS, 避免要删除的表不存在时出现错误信息。

5. 显示数据表结构

DESCRIBE 语句用于显示表中各列的信息, 其运行结果等同于 SHOW columns from 语句。

语法格式:

{DESCRIBE|DESC}表名[列名|通配符]

语法说明:

· DESCRIBE|DESC, DESC 是 DESCRIBE 的缩写, 二者用法相同。

· 列名|通配符, 可以是一个列名称, 或一个包含%和_的通配符的字符串, 用于获得对于带有与字符串相匹配的名称的各列的输出。没有必要在引号中包含字符串, 除非其中包含空格或其他特殊字符。

2.4　建立数据完整性约束

【任务 17】向数据库 petshop 创建数据表 category, 将 catid 定义为主键。

任务分析: 数据表 category 的结构如表 2-3 所示。

表 2-3　category 数据表的结构

属性名称	类型与长度	中文含义	备　注
catid	char(10)	宠物类别号	主键, 非空
catname	varchar(20)	宠物类别名称	
cades	text	宠物类别描述	

分析: 这是一个主键约束, 将 catid 定义为主键。

任务代码如下:

```
create table category(
catid char(10) not null primary key,
```

```
catname varchar(20) null,
cades text null
);
```
或者
```
create table category(
catid char(10) not null,
catname varchar(20) null,
cades text null,
primary key(catid)
);
```
【任务18】创建数据表 lineitem，将 orderid、catid 定义为复合主键。

任务分析：数据表 lineitem 的结构如表2-4所示。

表2-4 lineitem 数据表的结构

属性名称	类型与长度	中文含义	备 注
orderid	char(10)	订单号	主键，非空
itemid	varchar(20)	宠物号	非空
quantity	int(11)	数量	非空
unitprice	numeric(10,2)	单价	非空

分析：因为同一个订单可以有多种宠物，所以需要订单号与宠物号组成的复合关键字约束。

任务代码如下：
```
create table lineitem(
orderid int(11) not null,
itemid char(10) not null,
quantity int(11) not null,
unitprice decimal(10,2) not null,
primary key(orderid,itemid)
);
```
【任务19】创建数据表 product，所有的 catid 必须出现在 category 表的 catid 中(catid 已经被 category 作为主键)，禁止对 category 中的在 product 已存在的 catid 进行删除及修改。

任务分析：数据表 product 的结构如表2-5所示。

表2-5 product 数据表的结构

属性名称	类型与长度	中文含义	备 注
productid	char(10)	商品号	主键，非空
catid	char(10)	宠物类别号	非空
name	varchar(30)	商品名	
descn	text	商品描述	
listprice	numeric(10,2)	商品标价	
unitcost	numeric(10,2)	商品单价	
qty	int(11)	商品数量	非空

分析： 每一个类别编号 catid 必须出现在类别表的 catid 中，不然该商品就是一个不存在的类别，禁止删除和修改应该使用 restirct 选项。

任务代码如下：

```
create table product(
productid char(10) not null,
catid char(10) not null,
name varchar(30) null,
descn text null,
listprice decimal(10,2) null,
unitcost decimal(10,2) null,
qty int(11) not null,
primary key(productid),
foreign key(catid)
references category(catid)
on delete restrict
on update restrict
);
```

【任务 20】为数据表 account 添加完整性约束，使性别只能包含男或女。

任务代码如下：

```
alter  table  account  with  nocheck
add  constraint  col1_check  check  (sex in('男','女'))
```

以上是已经创建过数据表 account 了，故使用修改数据表的方法向没有添加约束的表添加约束，如果是在创建数据表时添加约束(数据表 account 的结构同任务 11)，则代码如下：

```
create table account(
userid char(6) not null,
fullname varchar(10) not null,
password varchar(20) not null,
sex char(2) not null
check(sex in('男', '女')),
address varchar(40) null,
email varchar(20) null,
primary key(userid)
);
```

【相关知识】

数据完整性约束是一组完整性规则的集合。它定义了数据模型必须遵守的语义约束，也规定了根据数据模型所构建的数据库中数据内部及其数据相互间联系所必须满足的语义约束。

完整性约束是数据库系统必须遵守的约束，他定义了根据数据模型所构建的数据库的状态以及状态变化，以便维护数据库中数据的正确性、有效性和相容性。

1．主键约束

主键约束是在表中定义一个主键来唯一确定表中每一行数据的标识符。

主键列的数据类型不限，但此列必须是唯一并且非空的。

有如下两种方式可以定义列或表的主键约束。

(1) 在创建表时在定义列的后面加上关键字 PRIMARY KEY。如，创建表 customer，将 c_id 定义为主键：

```
CREATE   TABLE customer(
c_id   char(6)   NOT NULL   PRIMARY KEY,
name   varchar(30)   NOT NULL,
location   varchar(30),
salary   double(8,2)
);
```

(2) 创建表时在最后声明 PRIMARY KEY。如，创建表 customer，将 c_id 定义为主键：

```
CREATE   TABLE customer(
c_id   char(6)   NOT NULL ,
name   varchar(30)   NOT NULL,
location   varchar(30),
salary   double(8,2),
PRIMARY   KEY(c_id)
);
```

2．替代键约束

替代键是没有定义为主键的候选键，与主键的共同点是它的值也是唯一的，替代键同样可以是一列或一组列。定义替代键的关键字是 UNIQUE。

例如，创建表 customer，将 c_id 定义为主键，name 定义为替代键，代码如下：

```
CREATE   TABLE customer(
c_id   char(6)   NOT NULL ,
name   varchar(30)   NOT NULL UNIQUE,
location   varchar(30),
salary   double(8,2),
PRIMARY   KEY(c_id)
);
```

如，创建表 customer，将 c_id 定义为主键，name 和 location 定义为替代键，代码如下：

```
CREATE   TABLE customer(
c_id   char(6)   NOT NULL ,
name   varchar(30)   NOT NULL UNIQUE,
location   varchar(30),
```

```
    salary    double(8,2),
    PRIMARY    KEY(c_id),
    UNIQUE( name,location)
    );
```

3. 参照完整性约束

参照完整性约束简单地说就是表间主键、外键的关系。参照完整性属于表间规则，对于永久关系的相关表，在更新、插入或删除记录时，如果只改其一不改其二，就会影响数据的完整性。具有参照完整性约束的表中的外键字段，是其参照表的主键字段。外键取值必须取参照表中主键字段已经有的值，可以为空也可不为空。定义外键的方法如下：

语法格式：

FOREIGN KEY(字段名)

REFERENCES 表名[(列名[(长度)][ASC|DESC],…)]

|ON DELETE {RESTRICT|CASCADE|SET NULL|NO ACTION}]

[ON UPDATE { RESTRICT|CASCADE|SET NULL|NO ACTION}]

语法说明：

· FOREIGN KEY，指定作为外键的字段名。

· 表名，外键所参照的表名。

· 列名，被参照表中的列名。

· ON DELETE|ON UPDATE，可以为每个外键定义参照动作(删除或更新)。

· RESTRICT，当要删除或更新父表中被参照列上在外键中出现的值时，拒绝对父表的删除或更新操作。

· CASCADE，当从父表删除或更新行时自动删除或更新子表中匹配的行。

· SET NULL，当从父表删除或更新行时，设置子表中与之对应的外键列为 NULL，在外键列没有指定为 NOT NULL 时是合法的。

· NO ACTION，意味着不采取动作，即如果有一个相关的外键值在被参照表里，删除或更新父表中主要键值的企图将不被允许，和 RESTRICT 一样。

· SET DEFAULT，当从父表删除或更新行时，指定子表中的列为默认值。

没 有 指 定 动 作 RESTRICT|CASCADE|SET NULL|NO ACTION 时，默 认 使 用 RESTRICT。

4. CHECK 完整性约束

CHECK 约束用于限制列中的值的范围。

语法格式：

CHECK(表达式)

语法说明：

表达式，指定需要检查的条件，在更新表数据时，MySQL 会检查更新后的数据行是否满足 CHECK 的条件。

2.5 用图形管理工具管理数据库和表

以下任务所使用的图形管理工具都是 SQL-Front，其他图形管理工具与其界面大体一致。

【任务 21】用 SQL-Front 创建数据库 petshop。

(1) 点击"数据库"—"新建"—"数据库"(如图 2-20 所示)，或者右键点击 localhost，在弹出的菜单中选择"数据库"(如图 2-21 所示)。

图 2-20 新建数据库

图 2-21 新建数据库

(2) 在弹出的窗口中输入数据库名称 petshop，并设置编码集为 utf8，单击"确定"(如图 2-22 所示)。

(3) 在 localhost 下面的列表中就出现数据库 petshop 了(如图 2-23 所示)。

图 2-22 设置名称、字符集

图 2-23 数据库创建完成

【任务 22】将数据库 petshop 删除。

(1) 右键点击数据库 petshop，在弹出的菜单中选择"删除"并单击(如图 2-24 所示)。

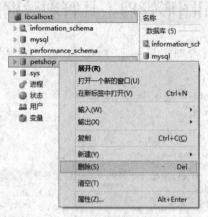

图 2-24　删除数据库

(2) 在确认对话框中单击"是"(如图 2-25 所示)。

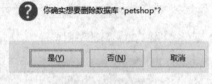

图 2-25　确认删除

(3) 此时在 localhost 下面的列表中已经没有数据库 petshop 了(如图 2-26 所示)。

图 2-26　数据库删除成功

【任务 23】重建数据库 petshop 后，在其中创建数据表 account。

(1) 右键点击 petshop 数据库，在弹出菜单中选"新建"—"表格"(如图 2-27 所示)。

图 2-27　新建表格

(2) 在"添加表格"窗口内输入表名 account，点击"确定"(如图 2-28 所示)。

图 2-28　输入表名

(3) 此时展开 petshop 数据库，已经可以看到数据表 account 了（如图 2-29 所示)。

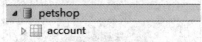

图 2-29　数据表创建成功

【任务 24】向表 account 中添加字段(各字段的说明同任务 10)。

(1) 表创建之后就已经默认建好了一个字段 Id(整型，主键，自动递增)，如果不需要可以修改。因为 account 要将 userid 做主键，类型为 char(6)，所以要对 Id 字段进行修改。右键点击数据表 account，在弹出的菜单中点击属性，如图 2-30 所示。

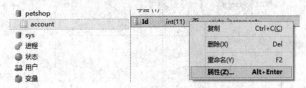

图 2-30　修改 Id 字段

(2) 在弹出的配置窗口中修改名称、类型和长度，数据如图 2-31 所示。

图 2-31　Id 的配置

(3) 右键点击表 account—"新建"—"字段"，如图 2-32 所示。

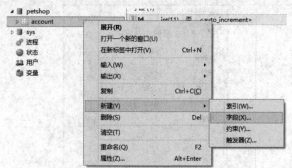

图 2-32　新建字段

(4) 添加 fullname 字段，类型、长度如图 2-33 所示。

(5) 按同样的方法添加完其余字段，结果如图 2-34 所示。

图 2-33　添加字段

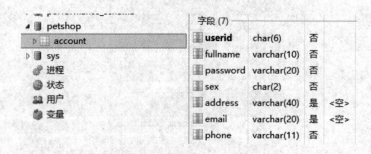

图 2-34　字段添加完成

【任务 25】向表 account 中录入数据。

(1) 点击右侧表结构上方的"数据浏览器"，如图 2-35 所示。

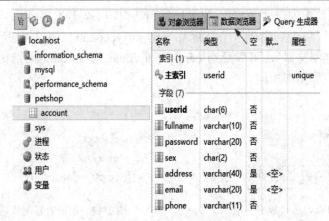

图 2-35　点击数据浏览器

(2) 出现表格形式的窗口, 如图 2-36 所示, 录入第一条记录, 如图 2-37 所示。

userid	fullname	password	sex	address	email	phone
				<NULL>	<NULL>	<NULL>

图 2-36　数据表窗口

userid	fullname	password	sex	address	email	phone
u0001	刘晓和	123456	男	广东深圳市	liuxh@163.com	13512345678

图 2-37　录入数据

(3) 按键盘上的下箭头, 依次录入其他记录, 结果如图 2-38 所示。

userid	fullname	password	sex	address	email	phone
u0001	刘晓和	123456	男	广东深圳市	liuxh@163.com	13512345678
u0002	张嘉庆	123456	男	广东珠海市	zjq@126.com	13634355609
u0003	何英	234525	女	辽宁铁岭市	heying@qq.com	13423425906
u0004	赵鸿发	9325025	男	上海浦东区	hongfa@sina.com	13809128756

图 2-38　数据录入完成

【任务 26】复制表 account(含结构和数据)。

(1) 右键点击数据表 account, 选择 "复制", 如图 2-39 所示。

(2) 右键点击数据库 petshop, 选择 "粘贴", 如图 2-40 所示。

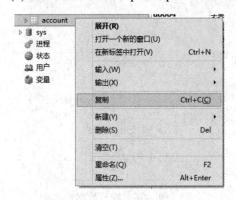

图 2-39　复制数据表

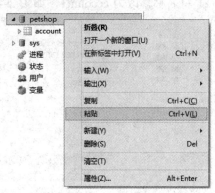

图 2-40　粘贴数据表

(3) 在粘贴窗口中勾选"数据"(如果只复制结构则不勾选),如图 2-41 所示。

(4) 此时已经可以看到生成了一个新表 copy_of_account(如图 2-42 所示),点击"对象浏览器"及"数据浏览器",可以看到 copy_of_account 与 account 的结构(如图 2-43 所示)及内容(如图 2-44 所示)都相同。

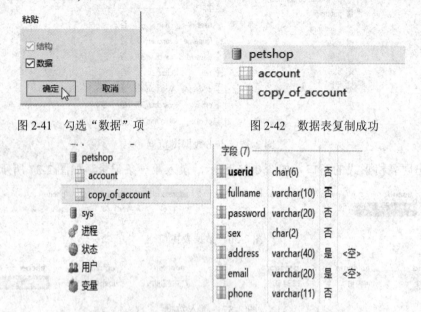

图 2-41　勾选"数据"项   图 2-42　数据表复制成功

图 2-43　点击"对象浏览器"及"数据浏览器"

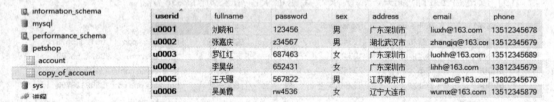

图 2-44　数据表的结构及内容

【任务 27】将 copy_of_account 重命名为 account1。

(1) 右键点击数据表 copy_of_account,选择"重命名",如图 2-45 所示。

(2) 将名称修改为 account1,如图 2-46 所示。

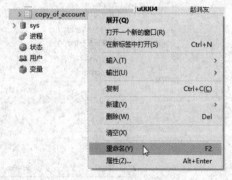

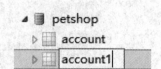

图 2-45　重命名数据表   图 2-46　修改数据表名称

【任务 28】删除数据表 account1。

(1) 右键点击数据表 account1，选择"删除"，如图 2-47 所示。

(2) 在确认窗口中选择"是"，如图 2-48 所示。

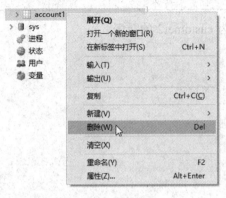

图 2-47　删除数据表　　　　　　　　图 2-48　确认删除

(3) 观察 petshop 数据库，发现已经没有 account1 数据表了，如图 2-49 所示。

图 2-49　数据表删除成功

技 能 训 练

1. 用提供的软件正确安装与配置 MySQL 服务器。

2. 实践练习连接与断开服务器的方法。

分别用 MySQL 命令行及图形化管理工具 SQL-Front 做以下 3～11 的练习题。

3. 创建一个名称为 MyBank 的数据库。

4. 打开 MyBank 数据库。

5. 删除 MyBank 数据库。

6. 重新创建一个名为 MyBank 的数据库。

7. 向 MyBank 数据库中创建表 customer1，数据表的结构如表 2-6 所示。

表 2-6　customer1 的结构

列名	数据类型与长度	中文含义	备　注
c_id	char(6)	客户标识	主键、非空
name	varchar(30)	客户姓名	非空
location	varchar(30)	工作地点	

8. 将数据表 customer1 改名为 customer。

9. 向数据表 customer 中添加一个字段：

列名	数据类型与长度	中文含义	备　注
salary	double(8,2)	工资	

10. 复制 customer 表的结构，生成一个名为 customer2 的新表。

11. 删除数据表 customer2。

单元3 数据操作

【任务描述】

用户在 petshop 购物时，需要注册并提交个人信息，已注册的会员可以对自己的基本信息进行修改。管理员需要核实用户信息，删除非法用户，添加新商品信息，更新已有商品的库存信息，及时删除不再销售的商品记录，及时处理用户订单等。管理员和用户的这些操作，最终都将转化为对 petshop 数据库表中的记录的插入、修改和删除操作。

【学习目标】

(1) 熟练掌握 insert 语句的语法；

(2) 熟练掌握 updata 语句的语法；

(3) 熟练掌握 delect 语句的语法。

3.1　插入表数据

【**任务 1**】使用 insert 语句向 petshop 数据库中各表插入数据。

任务分析：主要是用 insert 语句插入记录。

任务代码如下：

1.　用户表 account

```
insert into account values('u0001','刘晓和','123456','男','广东深圳市','liuxh@163.com', '13512345678');
insert into account values('u0002','张嘉庆','123456','男','广东深圳市','zhangjq@163.com', '13512345679');
insert into account values('u0003','罗红红','123456','女','广东深圳市','luohh@163.com', '13512345689');
insert into account values('u0004','李昊华','123456','女','广东深圳市','lihh@163.com',' 13812345679');
insert into account values('u0005','王天赐','123456','男','广东中山市','wangtc@163.com', '13802345679');
insert into account values('u0006','吴美霞','123456','女','广东珠海市','wumx@163.com', '13512345879');
```

2.　商品分类表 category

```
insert into category values('01','鸟类','');
insert into category values('02','猫','');
insert into category values('03','狗','');
insert into category values('04','鱼','');
insert into category values('05','爬行类','');
```

3.　商品表 prooduct

```
insert into product values
('av-cb-01','05','亚马逊鹦鹉','75 岁以上高龄的好伙伴',50.00,60.00,100),
('av-sb-02','05','燕雀','非常好的减压宠物',45.00,50.00,98),
('fi-fw-01','01','锦鲤','来自日本的淡水鱼',45.50,45.50,300),
('fi-fw-02','01','金鱼','来自中国的淡水鱼',6.80,6.80,100),
('fi-sw-01','01','天使鱼','来自澳大利亚的海水鱼',10.00,10.00,100),
('fi-sw-02','01','虎鲨','来自澳大利亚的海水鱼',18.50,20.00,200),
('fl-dlh-02','04','波斯猫','友好的家居猫',1000.00,1200.00,15),
('fl-dsh-01','04','马恩岛猫','灭鼠能手',80.00,100.00,40),
('k9-bd-01','02','牛头犬','来自英格兰的友好的狗',1350.00,1500.00,5),
('k9-cw-01','02','吉娃娃犬','很好的陪伴狗',180.00,200.00,120),
('k9-dl-01','02','斑点狗','来自消防队的大狗',3000.00,3000.00,1),
('k9-po-02','02','狮子犬','来自法国可爱的狗',300.00,300.00,200),
('rp-li-02','03','鼠蹊','友好的绿色朋友',60.00,78.00,40),
('rp-sn-01','03','响尾蛇','兼当看门狗',200.00,240.00,10);
```

4.　订单表 orders

```
insert into orders values
```

(20130411,'u0001','2013-04-11 15:07:34',500.00,0),

(20130412,'u0002','2013-04-09 15:08:11',305.60,0),

(20130413,'u0003','2013-04-15 15:09:34',212.40,0),

(20130414,'u0003','2013-04-16 15:09:30',120.45,1),

(20130415,'u0004','2013-04-02 15:10:34',120.30,0);

5．订单明细表

insert into lineitem values

(20130411,'fi-sw-01',10,18.50),

(20130411,'fi-sw-02',12,16.50),

(20130412,'k9-bd-01',2,120.00),

(20130412,'k9-po-02',1,220.00),

(20130413,'k9-dl-01',1,130.00),

(20130414,'rp-sn-01',2,125.00),

(20130415,'av-sb-02',2,50.00);

【相关知识】

1．使用 insert 语句插入新数据

语法：INSERT [INTO] tbl_name [(col_name,...)] VALUES (pression,...),…

　　　　INSERT [INTO] tbl_name SET col_name=expression, ...

insert 语句是一个 SQL 语句，需要为它指定希望插入数据行的表或将值按行放入的表。insert 语句具有如下几种形式：

(1) 可指定所有列的值，例如：

　　shell> mysql –u root –p

　　mysql> use mytest;

　　mysql> insert into worker values("tom","tom@yahoo.com");

values 表必须包含表中每列的值，并且按表中列的存放次序给出(一般，这就是创建表时列的定义次序。如果不能肯定的话，可使用 DESCRIBE tbl_name 来查看这个次序)。

(2) 使用多个值表，可以一次提供多行数据。

　　Mysql>insert into worker values('tom', 'tom@yahoo.com'),('paul', 'paul@yahoo.com');

有多个值表的 insert ... values 的形式在 MySQL 3.22.5 及以后版本中支持。

(3) 可以给出要赋值的列，然后再列出值。这对于希望建立只有几个列需要初始设置的记录是很有用的。例如：

　　mysql>insert into worker (name) values ('tom');

自 MySQL 3.22.5 以后，这种形式的 insert 也允许多个值表：

　　mysql>insert into worker (name) values ('tom'), ('paul');

在列的列表中未给出名称的列都将赋予缺省值。

自 MySQL 3.22 .10 以后，可以 col_name = value 的形式给出列和值。例如：

　　mysql>insert into worker set name='tom';

在 set 子句中未命名的行都将赋予一个缺省值。

使用这种形式的 insert 语句不能插入多行。

(4) 一个 expression 可以引用在一个值表先前设置的任何列。例如：

> mysql> INSERT INTO tbl_name (col1,col2) VALUES(15,col1*2);

但不能这样：

> mysql> INSERT INTO tbl_name (col1,col2) VALUES(col2*2,15);

2．使用 insert…select 语句插入从其他表选择的行

当我们在上一节学习创建表时，知道可以使用 select 从其他表来直接创建表，甚至可以同时复制数据记录。如果已经拥有了一个表，同样可以从 select 语句的配合中获益。

从其他表中录入数据，例如：

> mysql>insert into tbl_name1(col1,col2) select col3,col4 from tbl_name2;

如果每一列都有数据录入时，可以略去目的表的列列表。

> mysql>insert into tbl_name1 select col3,col4 from tbl_name2;

insert into ... select 语句需满足下列条件：

· 查询不能包含 ORDER BY 子句。

· insert 语句的目的表不能出现在 SELECT 查询部分的 FROM 子句中，因为这在 ANSI SQL 中被禁止。(SELECT 可能会发现在同一个运行期间内先前被插入的记录。当使用子选择子句时，情况很容易混淆)。

3．使用 replace、replace…select 语句插入

replace 功能与 insert 完全一样，除了如果在表中的一个旧记录具有在一个唯一索引上的新记录有相同的值，那么在新记录被插入之前，旧记录将被删除。对于这种情况，insert 语句的表现是产生一个错误。

replace 语句也可以与 select 相配合，所以 3.1 小节的内容完全适合 REPALCE。

注意：由于 replace 语句可能会改变原有的记录，因此使用时要小心。

3.2　修改表数据

【任务 2】使用 update 语句修改 petshop 数据库表中数据。

从澳大利亚新购进一批天使鱼，数量为 50 条，进价为 15 元，按库存与新进商品的平均值调整商品的成本价格。该商品将以高出成本价格 20% 的市场价格卖出，调整商品的市场价格和数量。

任务分析：主要是通过 update 修改数据，有一定的修改规则。

任务代码如下：

调整商品的成本价格：

成本价格 = (库存数量 × 成本价格 + 50 × 15)/(库存数量 + 50)

Update product

Set unitcost=(qty*unitcost+50*15)/(qty+50)

Where name='天使鱼';

调整商品的市场价格和数量：

Update product

Set listprice=unitcost*1.2,qty= qty+50

Where name='天使鱼';

思考如何一次性调整所有数据？

【相关知识】

用 update 修改记录的语法如下：

UPDATE tbl_name SET　要更改的列

WHERE　要更新的记录

这里的 WHERE 子句是可选的，因此如果不指定的话，表中的每个记录都会被更新。

例如，在 account 表中，我们发现李昊华的性别要修改，因此可以这样修改这个记录：

mysql> update account set sex='男' where fullname="李昊华";

3.3　删除表数据

【任务 3】使用 delete 语句删除 petshop 数据库表中的数据。

将用户号为 u0004 的用户记录删除，并删除其所有的订购信息。

任务分析：主要是使用 delete 语句，注意加 where 条件。

任务代码如下：

删除用户表中的用户记录：

Delete from account

Where userid='u0004';

删除其所有的订购信息，包括订单表和订单明细表的信息，涉及多表删除。

Delete orders,lineitem

From orders,lineitem

Where orders.orderid=lineitem.orderid

And orders.userid=' u0004';

删除订单信息时，要根据 orders.userid=' u0004'来查找订单信息表中的订单记录，同时要根据找到的记录的订单号去查找订单详细表中的记录，因此使用 Where。

orders.orderid = lineitem.orderid 将两个表间建立连接。

思考：若要一次删除所有的数据，则涉及三表操作，将以上两条 delete 语句合并为一条 delete 语句，如何写？

【相关知识】

用 delete 删除记录的语法如下：

DELETE FROM tbl_name WHERE　要删除的记录

WHERE 子句指定哪些记录应该删除。它是可选的，但是如果不选的话，将会删除所有的记录。这意味着最简单的 delete 语句也是最危险的。

该查询将清除表中的所有内容，操作时要注意。

为了删除特定的记录，可用 WHERE 子句来选择所要删除的记录。这类似于 SELECT 语句中的 WHERE 子句。

mysql> delete from pet where name="Whistler";

可以用下面的语句清空整个表：

mysql>delete from pet;

注意：使用 update 和 delete 语句时要十分小心，因为可能会对数据造成危险。尤其是 delete 语句，很容易会删除大量数据。

技 能 训 练

1. 结合单元 2 技能训练中建立的 MyBank 数据库中的 3 个表，添加如表 3-1、表 3-2、表 3-3 所示的数据：

表 3-1　customer 的数据

c_id	name	location	salary
101001	孙杨	广州	1234
101002	郭海	南京	3526
101003	卢江	苏州	6892
101004	郭惠	济南	3492

表 3-2　bank 的数据

b_id	bank_name
B0001	工商银行
B0002	建设银行
B0003	中国银行
B0004	农业银行

表 3-3　deposite 的数据

d_id	c_id	b_id	dep_date	dep_type	amount
1	101001	B0001	2011-04-05	3	42526
2	101002	B0003	2012-07-15	5	66500
3	101003	B0002	2010-11-24	1	42366
4	101004	B0004	2008-03-31	1	62362
5	101001	B0003	2002-02-07	3	56346
6	101002	B0001	2004-09-23	3	353626
7	101003	B0004	2003-12-14	5	36236
8	101004	B0002	2007-04-21	5	26267
9	101001	B0002	2011-02-11	1	435456
10	101002	B0004	2012-05-13	1	234626
11	101003	B0003	2001-01-24	5	26243
12	101004	B0001	2009-08-23	3	45671

2. 更新 customer 表的 salary 属性，将 salary 低于 5000 的客户的 salary 变为原来的 2 倍。

3. 将数据库中卢江的相关信息全部删除。

单元4 数据查询

【任务描述】

用户在 petshop 购物时，面对商店中大量的商品，根据商品类别、价格区间等对商品先进行筛选，再进行选购；仓库管理员需要查询商品的库存数量，以便及时进货；销货员在处理客户订单时，先查询订单状态，对未处理的订单及时处理；为了及时掌握经营状况，管理员还需要对客户、商品和订单进行分类检索与统计。

【学习目标】

(1) 熟练掌握 SELECT 语句的语法；

(2) 掌握条件查询的基本方法；

(3) 能灵活运用 SELECT 语句实现单表查询；

(4) 能熟练运用 SELECT 语句进行数据的排序、分类统计等操作；

(5) 能运用 SELECT 语句实现多表查询和子查询。

4.1　简　单　查　询

【任务 1】　查询 account 表中客户的姓名、地址和电话，显示的列标题要求是"姓名""地址""电话"。

任务分析：查询所有记录时不用加条件，用 as 取列别名即可。

任务代码如下：

```
Select fullname as 姓名,address as 地址,phone as 电话  from account;
```

【任务 2】查询 lineitem 表中商品编号和单价，要求消除重复行。

任务分析：使用 distinct 消除重复行。

任务代码如下：

```
Select distinct itemid，unitprice from lineitem;
```

【任务 3】计算 lineitem 表中每条记录的商品金额。

任务分析：查询中使用公式计算列值。

任务代码如下：

```
Select orderid，itemid，quantity*unitprice as 金额  from lineitem;
```

【任务 4】查询 account 表中客户的姓名和性别，要求性别为"男"时显示 1，为"女"时显示 0。

任务分析：使用 case 分支语句。

任务代码如下：

```
Select fullname,
    Case when sex='男' then '1'
        When sex='女'then '0'
    End as sex
from account;
```

【任务 5】　查询 product 表中商品名和档次。档次按单价划分，1000 元以下显示为"低价商品"，1000～2000 元为"中档商品"，2000 元以上显示为"高档商品"。

任务分析：使用 case 分支的另一种形式。

任务代码如下：

```
Select name，
    Case
        When unitcost<1000 then '低价商品'
        When unitcost>=1000    and unitcost<2000    then '中档商品'
        Else '高档商品'
    End as  档次
From product;
```

【相关知识】

SELECT 语句的用途，即帮助取出数据。SELECT 是 SQL 语言中最常用的语句，而且怎样使用它也最为讲究。用 SELECT 来选择记录会比较复杂，可能会涉及许多表中列之间的比较。本节介绍 SELECT 语句关于查询的最基本功能。

SELECT 语句的语法如下：

SELECT selection_list   选择哪些列

FROM table_list   从何处选择行

WHERE primary_constraint 行必须满足什么条件

GROUP BY grouping_columns   怎样对结果分组

HAVING secondary_constraint   行必须满足的第二条件

ORDER BY sorting_columns   怎样对结果排序

LIMIT count   结果限定

注意： 所有使用的关键词必须精确地以上面的顺序给出。例如，一个 HAVING 子句必须跟在 GROUP BY 子句之后和 ORDER BY 子句之前。

除了关键词"SELECT"和说明希望检索什么的 column_list 部分外，语法中的每条语句都是可选的，有的数据库还需要 FROM 子句。MySQL 有所不同，它允许对表达式求值而不引用任何表。

1．简单查询

SELECT 最简单的形式是从一张表中检索每样东西：

mysql> SELECT * FROM pet;

其结果为：

```
+-----------+--------+---------+------+------------+------------+
| name      | owner  | species | sex  | birth      | death      |
+-----------+--------+---------+------+------------+------------+
| Fluffy    | Harold | cat     | f    | 1993-02-04 | NULL       |
| Claws     | Gwen   | cat     | m    | 1994-03-17 | NULL       |
| Buffy     | Harold | dog     | f    | 1989-05-13 | NULL       |
| Chirpy    | Gwen   | bird    | f    | 1998-09-11 | NULL       |
| Fang      | Benny  | dog     | m    | 1990-08-27 | NULL       |
| Bowser    | Diane  | dog     | m    | 1990-08-31 | 1995-07-29 |
| Whistler  | Gwen   | bird    | NULL | 1997-12-09 | NULL       |
| Slim      | Benny  | snake   | m    | 1996-04-29 | NULL       |
| Puffball  | Diane  | hamster | f    | 1999-03-30 | NULL       |
+-----------+--------+---------+------+------------+------------+
```

2．查询特定行

用 SELECT 语句可以从表中只选择特定的行。例如，如果想要验证对 Bowser 的出生日期所做的改变，代码如下：

mysql> SELECT * FROM pet WHERE name = "Bowser";

其结果为:

```
+-----------+---------+-----------+------+------------+------------+
| name      | owner   | species   | sex  | birth      | death      |
+-----------+---------+-----------+------+------------+------------+
| Bowser    | Diane   | dog       | m    | 1990-08-31 | 1995-07-29 |
+-----------+---------+-----------+------+------------+------------+
```

3. 查询特定列

如果不想看到表中的整个行,就命名自己感兴趣的列,用逗号分开。例如,如果想知道某动物什么时候出生,可精选 name 和 birth 列:

  mysql> SELECT name, birth FROM pet where owner="Gwen";

其结果为:

```
+-----------+------------+
| name      | birth      |
+-----------+------------+
| Claws     | 1994-03-17 |
| Chirpy    | 1998-09-11 |
| Whistler  | 1997-12-09 |
+-----------+------------+
```

4. 进行表达式计算

前面的多数查询是检索表中已经有的值,直接输出。MySQL 还允许作为一个公式的结果来计算输出列的值。表达式可以简单也可以复杂。下面的查询求一个简单表达式的值(常量)以及一个涉及几个算术运算符的表达式的值。例如,计算 Browser 生活的天数:

  mysql> SELECT death-birth FROM pet WHERE name="Bowser";

其结果是:

```
+-------------+
| death-birth |
+-------------+
|       49898 |
+-------------+
```

由于 MySQL 允许对表达式求值而不引用任何表,所以也可以这样使用:

  mysql>select (2+3*4.5)/2.5;

其结果为:

```
+---------------+
| (2+3*4.5)/2.5 |
+---------------+
|         6.200 |
+---------------+
```

5. 定义列别名

用 SELECT 语句可以为列命名，格式为

select 列名 as 别名

mysql> SELECT name AS n,species AS s FROM pet ORDER BY n,s;

注意返回的结果：

```
+----------+---------+
| n        | s       |
+----------+---------+
| Bowser   | dog     |
| Buffy    | dog     |
| Chirpy   | bird    |
| Claws    | cat     |
| Fang     | dog     |
| Fluffy   | cat     |
| Puffball | hamster |
| Slim     | snake   |
| Whistler | bird    |
+----------+---------+
```

返回的记录顺序并无不同，但是列的名字有了改变，这一点在使用 CREATE TABLE…SELECT 语句创建表时是有意义的。

例如，我们想通过 pet 表生成包括其中 name、owner 字段在内的表，但是想把 name 和 owner 字段的名字重新命名为 animal 和 child。一个很笨的方法就是创建表再录入数据，如果使用别名，则仅仅一条 SQL 语句就可以解决问题，非常简单，需要使用的语句是 CREATE TABLE：

mysql> CREATE TABLE pet1

  -> SELECT name AS animal,owner AS child

  -> FROM pet;

然后，检索生成的表，看看是否达到目的：

mysql> SELECT * FROM pet1;

```
+----------+--------+
| animal   | child  |
+----------+--------+
| Fluffy   | Harold |
| Claws    | Gwen   |
| Buffy    | Harold |
| Chirpy   | Gwen   |
| Fang     | Benny  |
| Bowser   | Diane  |
| Whistler | Gwen   |
```

```
| Slim      | Benny  |
| Puffball  | Diane  |
+-----------+--------+
```

6. 消除重复行

有时候希望取出的数据互不重复，因为重复的数据可能没有意义。

解决的办法是使用 DISTINCT 关键字，使用这个关键字保证结果集中不包括重复的记录，也就是说，取出的记录中，没有重复的行。

例如，取出 pet 表中 Benny 所拥有的宠物的记录：

```
mysql> SELECT name,owner,species,sex FROM pet WHERE owner="Benny";
```

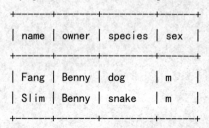

```
+--------+--------+----------+------+
| name   | owner  | species  | sex  |
+--------+--------+----------+------+
| Fang   | Benny  | dog      | m    |
| Slim   | Benny  | snake    | m    |
+--------+--------+----------+------+
```

假定我们指定 DISTINCT 关键字，并返回 name，species，sex 列：

```
mysql> SELECT DISTINCT name,species,sex FROM pet WHERE owner="Benny";
```

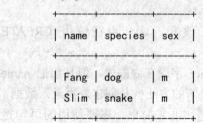

```
+--------+----------+------+
| name   | species  | sex  |
+--------+----------+------+
| Fang   | dog      | m    |
| Slim   | snake    | m    |
+--------+----------+------+
```

可以看到有两条结果，这是因为返回的结果集中的行不同，如果做以下更改，只返回 owner、sex 列，观察变化：

```
mysql> SELECT DISTINCT owner,sex FROM pet WHERE owner="Benny";
```

```
+--------+------+
| owner  | sex  |
+--------+------+
| Benny  | m    |
+--------+------+
```

DISTINCT 关键字的存在，使查询结果只返回不同的记录行。

如果一个表中，有完全相同的行，则可以使用 DISTINCT，以去除冗余的输出：

```
SELECT DISTINCT * FROM tbl_name；
```

7. 替换查询数据

要替换查询结果中的数据，则使用查询中的 case 表达式，格式如下：

Case

　　When　条件 1　　then　表达式 1

When 条件2 then 表达式2

···

Else 表达式 n

End

例如，查询 product 表中编号、名称、数量，对其库存数量按以下规则进行替换：若数量为空值，替换为"尚未进货"；若数量小于 5，替换为"需进货"；若数量在 5~50 之间，替换为"库存正常"；若数量大于 50，替换为"库存积压"。列标题更改为"库存"。

```
Select    productid,name,
      Case
              When    qty is null then '尚未进货'
              When    qty <5    then '需进货'
              When    qty >=5 and qty <-=50 then '库存正常'
              Else    '库存积压'
      End as 库存
From product;
```

4.2 条件查询

【任务6】显示 orders 表单笔高于 200 元的客户号、成交金额和订单状态。

任务分析：使用比较运算符。

任务代码如下：

```
Select userid,totalprice,status from orders where totalprice>=200;
```

【任务7】查询 orders 表中 2013 年 4 月份的所有订单。

任务分析：使用逻辑运算符表示范围。

任务代码如下：

```
Select * from orders
Where orderdate>='2013-04-01' and orderdate<='2013-04-30';
```

【任务8】 查询 account 表中女客户的姓名、地址和电话，显示的列标题要求用中文"姓名""地址"和"电话"表示。

任务分析：使用 as 取别名。

任务代码如下：

```
Select fullname as 姓名,address as 地址,phone as 电话
From account where sex='女';
```

【任务9】查询 account 表中姓吴的客户信息。

任务分析：使用 like 模糊查询。

任务代码如下：

```
Select * from account where fullname like '吴%';
```

【任务10】显示 orders 表中成交额在 200~500 元之间的订单信息。

任务分析：使用逻辑运算符。

任务代码如下：

Select * from orders where totalprice>=200 and totalprice<=500;

【任务 11】查询 product 表中商品编号倒数第四个标号为 W 的商品信息。

任务分析：使用 like 模糊查询。

任务代码如下：

Select * from product where productid like '%W___';

【相关知识】

1. 比较逻辑运算

使用 WHERE 或者 HAVING 从句可使每次查询不必都返回所有的行记录，只需选择特定的行。HAVING 从句与 WHERE 从句的区别是，HAVING 表达的是第二条件，与其他从句配合使用，显然不能在 WHERE 子句中的项目使用 HAVING。因此本小节仅介绍 WHERE 从句的使用，HAVING 从句的使用方法类似。另外 WHERE 从句也可以实现 HAVING 从句的绝大部分功能。

为了限制 SELECT 语句检索出来的记录集，可使用 WHERE 子句，它给出选择行的条件。可通过查找满足各种条件的列值来选择行。

WHERE 子句中的表达式可使用表 4-1 中的算术运算符、表 4-2 的比较运算符和表 4-3 的逻辑运算符。还可以使用圆括号将一个表达式分成几个部分。可使用常量、表列和函数来完成运算。在本教程的查询中，有时会使用到 MySQL 函数，但是 MySQL 的函数远不止给出的这些。

表 4-1　算术运算符

运算符	说明	运算符	说明
+	加	*	乘
-	减	/	除

表 4-2　比较运算符

运算符	说明	运算符	说明
<	小于	!= 或 <>	不等于
<=	小于或等于	>=	大于或等于
=	等于	>	大于

表 4-3　逻辑运算符

运算符	说　明
NOT 或 ！	逻辑非
OR 或 ‖	逻辑或
AND 或 &&	逻辑与

例如，如果想要精确地查询某条记录，像这样精选 Bowser 的记录：

mysql> SELECT * FROM pet WHERE name = "Bowser";

```
+--------+-------+---------+-----+------------+------------+
| name   | owner | species | sex | birth      | death      |
+--------+-------+---------+-----+------------+------------+
| Bowser | Diane | dog     | m   | 1990-08-31 | 1995-07-29 |
+--------+-------+---------+-----+------------+------------+
```

字符串比较时不区分大小写，因此可以指定名字为"bowser" "BOWSER"，等等，查询结果是相同的。

查询时可以在任何列上指定条件，不只是 name。例如，如果想要知道哪个动物是在 1998 年以后出生的，则测试 birth 列：

mysql> SELECT * FROM pet WHERE birth >= "1998-1-1";

```
+----------+-------+---------+-----+------------+-------+
| name     | owner | species | sex | birth      | death |
+----------+-------+---------+-----+------------+-------+
| Chirpy   | Gwen  | bird    | f   | 1998-09-11 | NULL  |
| Puffball | Diane | hamster | f   | 1999-03-30 | NULL  |
+----------+-------+---------+-----+------------+-------+
```

也可以组合条件查询，例如，找出雌性的狗：

mysql> SELECT * FROM pet WHERE species = "dog" AND sex = "f";

```
+-------+--------+---------+-----+------------+-------+
| name  | owner  | species | sex | birth      | death |
+-------+--------+---------+-----+------------+-------+
| Buffy | Harold | dog     | f   | 1989-05-13 | NULL  |
+-------+--------+---------+-----+------------+-------+
```

上面的查询使用了 AND 逻辑操作符，OR 操作符使用如下：

mysql> SELECT * FROM pet WHERE species = "snake" OR species = "bird";

```
+----------+-------+---------+------+------------+-------+
| name     | owner | species | sex  | birth      | death |
+----------+-------+---------+------+------------+-------+
| Chirpy   | Gwen  | bird    | f    | 1998-09-11 | NULL  |
| Whistler | Gwen  | bird    | NULL | 1997-12-09 | NULL  |
| Slim     | Benny | snake   | m    | 1996-04-29 | NULL  |
+----------+-------+---------+------+------------+-------+
```

AND 和 OR 可以混用，使用括号指明条件应该如何被分组(是一个好主意)：

mysql> SELECT * FROM pet WHERE (species = "cat" AND sex = "m")

```
-> OR (species = "dog" AND sex = "f");
```

name	owner	species	sex	birth	death
Claws	Gwen	cat	m	1994-03-17	NULL
Buffy	Harold	dog	f	1989-05-13	NULL

2. 模式匹配

MySQL 提供标准的 SQL 模式匹配，以及一种基于像 Unix 实用程序(如 vi、grep 和 sed)的扩展正则表达式模式匹配的格式。

1) 标准的 SQL 模式匹配

SQL 的模式匹配可使用 "_" 匹配任何单个字符，"%" 匹配任意数目字符(包括零个字符)。在 MySQL 中，SQL 的模式缺省是忽略大小写的。注意在使用 SQL 模式时，不能使用=或!=；而应使用 LIKE 或 NOT LIKE 比较操作符。

例如，在表 pet 中，找出以 "b" 开头的名字：

```
mysql> SELECT * FROM pet WHERE name LIKE "b%";
```

name	owner	species	sex	birth	death
Buffy	Harold	dog	f	1989-05-13	NULL
Bowser	Diane	dog	m	1989-08-31	1995-07-29

找出以 "fy" 结尾的名字：

```
mysql> SELECT * FROM pet WHERE name LIKE "%fy";
```

name	owner	species	sex	birth	death
Fluffy	Harold	cat	f	1993-02-04	NULL
Buffy	Harold	dog	f	1989-05-13	NULL

找出包含一个 "w" 的名字：

```
mysql> SELECT * FROM pet WHERE name LIKE "%w%";
```

name	owner	species	sex	birth	death
Claws	Gwen	cat	m	1994-03-17	NULL
Bowser	Diane	dog	m	1989-08-31	1995-07-29

```
| Whistler | Gwen   | bird    | NULL | 1997-12-09 | NULL      |
+----------+--------+---------+------+------------+-----------+
```

找出包含正好 5 个字符的名字，使用"_"模式字符：

```
mysql> SELECT * FROM pet WHERE name LIKE "_____";
+-------+--------+---------+------+------------+-------+
| name  | owner  | species | sex  | birth      | death |
+-------+--------+---------+------+------------+-------+
| Claws | Gwen   | cat     | m    | 1994-03-17 | NULL  |
| Buffy | Harold | dog     | f    | 1989-05-13 | NULL  |
+-------+--------+---------+------+------------+-------+
```

2) 扩展正则表达式模式匹配

由 MySQL 提供的模式匹配的另一种类型是使用扩展正则表达式。当对这类模式进行匹配测试时，使用 REGEXP 和 NOT REGEXP 操作符(或 RLIKE 和 NOT RLIKE，它们是同义词)。

扩展正则表达式的一些字符是：

"."：匹配任何单个的字符。

"[...]"：匹配在方括号内的任何字符。例如，"[abc]"匹配"a""b"或"c"。为了命名字符的一个范围，可使用一个"-"。例如，"[a-z]"匹配任何小写字母，而"[0-9]"匹配任何数字。

"*"：匹配零个或多个在它前面的内容。例如，"x*"匹配任何数量的"x"字符，"[0-9]*"匹配任何数量的数字，而".*"匹配任何数量的任何内容。

正则表达式是区分大小写的，但是也可以使用一个字符类匹配两种写法。例如，"[aA]"匹配小写或大写的"a"，而"[a-zA-Z]"匹配两种写法的任何字母。

为了定位一个模式以便它必须匹配被测试值的开始或结尾，在模式开始处使用"^"或在模式的结尾用"$"。

为了说明扩展正则表达式如何工作，SQL 模式匹配所示的 LIKE 查询在如下示例中使用 REGEXP 重写：

为了找出以"b"开头的名字，使用"^"匹配名字的开始并且用"[bB]"匹配小写或大写的"b"：

```
mysql> SELECT * FROM pet WHERE name REGEXP "^[bB]";
+--------+--------+---------+------+------------+------------+
| name   | owner  | species | sex  | birth      | death      |
+--------+--------+---------+------+------------+------------+
| Buffy  | Harold | dog     | f    | 1989-05-13 | NULL       |
| Bowser | Diane  | dog     | m    | 1989-08-31 | 1995-07-29 |
+--------+--------+---------+------+------------+------------+
```

为了找出以"fy"结尾的名字，使用"$"匹配名字的结尾：

```
mysql> SELECT * FROM pet WHERE name REGEXP "fy$";
+--------+--------+---------+------+------------+
```

```
| name    | owner     | species | sex | birth      | death  |
+---------+-----------+---------+-----+------------+--------+
| Fluffy  | Harold    | cat     | f   | 1993-02-04 | NULL   |
| Buffy   | Harold    | dog     | f   | 1989-05-13 | NULL   |
+---------+-----------+---------+-----+------------+--------+
```

为了找出包含一个"w"的名字，使用"[wW]"匹配小写或大写的"w"：

```
mysql> SELECT * FROM pet WHERE name REGEXP "[wW]";
+----------+-------+---------+------+------------+------------+
| name     | owner | species | sex  | birth      | death      |
+----------+-------+---------+------+------------+------------+
| Claws    | Gwen  | cat     | m    | 1994-03-17 | NULL       |
| Bowser   | Diane | dog     | m    | 1989-08-31 | 1995-07-29 |
| Whistler | Gwen  | bird    | NULL | 1997-12-09 | NULL       |
+----------+-------+---------+------+------------+------------+
```

如果一个正则表达式出现在值的任何地方，其模式匹配了，就不必在先前的查询中在模式的两方面放置一个通配符以使得它匹配整个值。

为了找出包含正好 5 个字符的名字，使用"^"和"$"匹配名字的开始和结尾，用 5 个"."实例在两者之间：

```
mysql> SELECT * FROM pet WHERE name REGEXP "^.....$";
+-------+--------+---------+-----+------------+-------+
| name  | owner  | species | sex | birth      | death |
+-------+--------+---------+-----+------------+-------+
| Claws | Gwen   | cat     | m   | 1994-03-17 | NULL  |
| Buffy | Harold | dog     | f   | 1989-05-13 | NULL  |
+-------+--------+---------+-----+------------+-------+
```

也可以使用"{n}"(重复 n 次)操作符重写先前的查询：

```
mysql> SELECT * FROM pet WHERE name REGEXP "^.{5}$";
+-------+--------+---------+-----+------------+-------+
| name  | owner  | species | sex | birth      | death |
+-------+--------+---------+-----+------------+-------+
| Claws | Gwen   | cat     | m   | 1994-03-17 | NULL  |
| Buffy | Harold | dog     | f   | 1989-05-13 | NULL  |
+-------+--------+---------+-----+------------+-------+
```

3. 范围比较

BETWEEN AND 关键字可以判断某个字段的值是否在指定的范围内。

　　如果字段的值在指定范围内，则符合查询条件，该记录将被查询出来。

　　如果字段的值不在指定范围内，则不符合查询条件。

基本的语法格式如下：

[NOT] BETWEEN 取值 1 AND 取值 2

　　　　NOT：可选。加上 NOT 表示不能满足指定范围的条件。

　　　　取值 1：表示范围的起始值。

　　　　取值 2：表示范围的终止值。

　　使用 BETWEEN AND 关键字查询 account 表中的记录，查询条件是 age 字段的取值范围为 18～24。SELECT 语句的代码如下：

SELECT * FROM account WHERE age BETWEEN 18 AND 24;

4．空置比较

　　概念上讲，NULL 意味着"没有值"或"未知值"，且它被看作有点与众不同的值。为了测试 NULL，不能使用算术比较运算符，例如=、<或!=，可试试下列查询：

　　　　mysql> SELECT 1 = NULL, 1 != NULL, 1 < NULL, 1 > NULL;

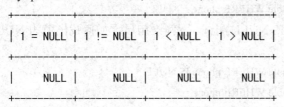

　　显然从这些比较中得到的结果毫无意义。相反使用 IS NULL 和 IS NOT NULL 操作符：

　　　　mysql> SELECT 1 IS NULL, 1 IS NOT NULL;

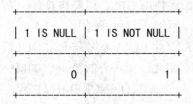

　　在 MySQL 中，0 意味着假而 1 意味着真。

　　NULL 这样特殊的处理是为什么？例如，为了决定哪个动物不再是活着的，使用 death IS NOT NULL 而不是 death != NULL 是必要的：

　　　　mysql> SELECT * FROM pet WHERE death IS NOT NULL;

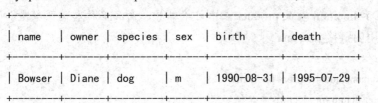

　　NULL 值的概念是造成 SQL 新手混淆的普遍原因，他们经常认为 NULL 是和一个空字符串一样的东西。例如，下列语句是完全不同的：

　　　　mysql> INSERT INTO my_table (phone) VALUES (NULL);

　　　　mysql> INSERT INTO my_table (phone) VALUES ("");

　　两个语句都把值插入到 phone 列，但是第一个插入一个 NULL 值而第二个插入一个空字符串。第一个的含义可以认为是"电话号码不知道"，而第二个则意味着"她没有电话"。

在 SQL 中，NULL 值在于任何其他值甚至 NULL 值比较时总是假的(FALSE)。包含 NULL 的一个表达式总是产生一个 NULL 值，除非在包含在表达式中的运算符和函数的文档中指出。在下列例子中，所有的列返回 NULL：

mysql> SELECT NULL,1+NULL,CONCAT('Invisible',NULL);

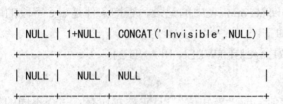

如果想要寻找值是 NULL 的列，不能使用=NULL 测试。例如，下列语句不返回任何行，因为对任何表达式，expr = NULL 是假的：

mysql> SELECT * FROM my_table WHERE phone = NULL;

要想寻找 NULL 值，必须使用 IS NULL 测试。下例语句显示如何找出值为 NULL 的电话号码和空的电话号码：

mysql> SELECT * FROM my_table WHERE phone IS NULL;

mysql> SELECT * FROM my_table WHERE phone = "";

在 MySQL 中，就像 SQL 服务器一样，不能索引有 NULL 值的列，必须声明这样的列为 NOT NULL，而且，不能插入 NULL 到索引的列中。

当使用 ORDER BY 时，首先呈现 NULL 值。如果使用 DESC 以降序排序，则 NULL 值最后显示。当使用 GROUP BY 时，所有的 NULL 值被认为是相等的。

为了有助于 NULL 的处理，可使用 IS NULL 和 IS NOT NULL 运算符和 IFNULL()函数。

对某些列类型，NULL 值被特殊地处理。如果将 NULL 插入表的第一个 TIMESTAMP 列，则插入当前的日期和时间。如果将 NULL 插入一个 AUTO_INCREMENT 列，则插入顺序中的下一个数字。

4.3 多表查询

【任务 12】显示 lineitem 表及 product 表中订单编号、商品名称和购买数量。

任务分析：使用内链接 join on。

任务代码如下：

```
Select orderid,name,quantity from lineitem
Join product on(itemid=productid);
```

【任务 13】显示 orders 表单笔高于 300 元的客户名和订单总价。

任务分析：使用内链接加 where 条件

任务代码如下：

```
Selectfullname,totalprice from orders
    Join account on(orders.userid=account.userid)
    Where tatalprice>=300;
```

【任务 14】查询"刘晓和"的基本情况和订单情况。

任务分析：使用内链接加 where 条件。

任务代码如下：

```
Select * from orders join account
    On(orders.userid=account.userid)
    Where fullname="刘晓和";
```

【任务 15】统计 2013 年 5 月以前订购了商品的女客户的姓名和订购总额。

任务分析使用复合条件查询。

任务代码如下：

```
Select fullname,totalprice from orders
    Join account on(orders.userid=account.userid)
    Where orderdate<='2013-04-01' and sex='女';
```

【任务 16】查询购买了商品编号为 fi-sw-02 的订单号、客户号和订购日期。

任务分析：使用 in 子查询。

任务代码如下：

```
Select orderid,userid,orderdate from orders
    Where orderid in
        (select orderid from lineitem where itemid= 'FI-SW-02');
```

【任务 17】查找 product 表中价格不低于"波斯猫"商品的信息。

任务分析：使用 any 子查询。

任务代码如下：

```
Select * from product where unitcost>=any
        (select unicost from product where name='波斯猫');
```

【相关知识】

1. FROM 子句

查询多个表时，使用 FROM 子句列出表名，并用逗号分隔，因为查询需要从其中找出信息。

当组合(联结-join)来自多个表的信息时，需要指定在一个表中的记录怎样能匹配其他表的记录。这很简单，因为它们都有一个 name 列。查询可使用 WHERE 子句基于 name 值来匹配两个表中的记录。

因为 name 列出现在两个表中，当引用列时，一定要指定是哪个表，可通过把表名附在列名前完成。

现在有如下所给的一个 event 表：

```
mysql>select * from event;

+----------+------------+----------+----------------------------+
| name     | date       | type     | remark                     |
+----------+------------+----------+----------------------------+
| Fluffy   | 1995-05-15 | litter   | 4 kittens, 3 female, 1 male|
```

```
| Buffy    | 1993-06-23 | litter   | 5 puppies, 2 female, 3 male |
| Buffy    | 1994-06-19 | litter   | 3 puppies, 3 female         |
| Chirpy   | 1999-03-21 | vet      | needed beak straightened    |
| Slim     | 1997-08-03 | vet      | broken rib                  |
| Bowser   | 1991-10-12 | kennel   | NULL                        |
| Fang     | 1991-10-12 | kennel   | NULL                        |
| Fang     | 1998-08-28 | birthday | Gave him a new chew toy     |
| Claws    | 1998-03-17 | birthday | Gave him a new flea collar  |
| Whistler | 1998-12-09 | birthday | First birthday              |
+----------+------------+----------+-----------------------------+
```

当它们有了一窝小动物时，假定想要找出此时每只宠物的年龄。event 表指出何时发生，但是为了计算母亲的年龄，还需要它的出生日期，而出生日期被存储在 pet 表中，查询时就需要两张表：

```
mysql> SELECT pet.name, (TO_DAYS(date) - TO_DAYS(birth))/365 AS age, remark
    -> FROM pet, event
    -> WHERE pet.name = event.name AND type = "litter";
```

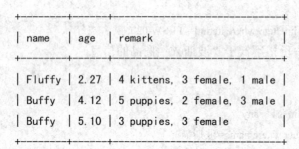

```
+--------+------+-----------------------------+
| name   | age  | remark                      |
+--------+------+-----------------------------+
| Fluffy | 2.27 | 4 kittens, 3 female, 1 male |
| Buffy  | 4.12 | 5 puppies, 2 female, 3 male |
| Buffy  | 5.10 | 3 puppies, 3 female         |
+--------+------+-----------------------------+
```

2. 多表连接查询

有如下两张表：

T1 表：

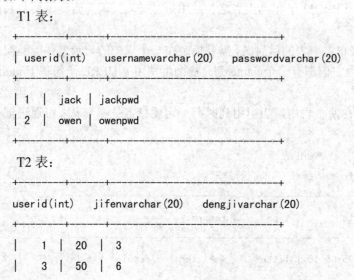

```
+--------+----------------+----------------+
| userid(int) | usernamevarchar(20) | passwordvarchar(20) |
+--------+----------------+----------------+
| 1 | jack | jackpwd |
| 2 | owen | owenpwd |
+--------+----------------+----------------+
```

T2 表：

```
+--------+--------------+----------------+
| userid(int) | jifenvarchar(20) | dengjivarchar(20) |
+--------+--------------+----------------+
| 1 | 20 | 3 |
| 3 | 50 | 6 |
```

表的连接方式有如下四种。

1) 内联(inner join)

如果想把用户信息、积分、等级都列出来，那么一般会这样写：

    select * from T1, T3 where T1.userid = T3.userid

其实这样的结果等同于 select * from T1 inner join T3 on T1.userid=T3.userid。

把两个表中都存在 userid 的行拼成一行(即内联)，但后者的效率会比前者高很多，建议用后者(内联)的写法。SQL 语句如下：

    select * from T1 inner join T2 on T1.userid = T2.userid

运行结果：

T1.userid	username	password	T2.userid	jifen	dengji
1	jack	jackpwd	1	20	3

2) 左联(left outer join)

显示表 T1 中的所有行，并把表 T2 中符合条件的加到表 T1 中；表 T2 中不符合条件的，就不用加入结果表中，用 NULL 表示。SQL 语句如下：

    select * from T1 left outer join T2 on T1.userid = T2.userid

运行结果：

T1.userid	username	password	T2.userid	jifen	dengji
1	jack	jackpwd	1	20	3
2	owen	owenpwd	NULL	NULL	NULL

3) 右联(right outer join)

显示表 T2 中的所有行，并把表 T1 中符合条件的加到表 T2 中；表 T1 中不符合条件的，就不用加入结果表中，用 NULL 表示。SQL 语句如下：

    select * from T1 right outer join T2 on T1.userid = T2.userid

运行结果：

T1.userid	username	password	T2.userid	jifen	dengji
1	jack	jackpwd	1	20	3
NULL	NULL	NULL	3	50	6

4) 全联(full outer join)

显示表 T1、表 T2 的所有行，即把左联结果表 + 右联结果表组合在一起，然后过滤掉重复的。SQL 语句如下：

    select * from T1 full outer join T2 on T1.userid = T2.userid

运行结果：

T1.userid	username	password	T2.userid	jifen	dengji
1	jack	jackpwd	1	20	3
2	owen	owenpwd	NULL	NULL	NULL
NULL	NULL	NULL	3	50	6

关于联合查询，效率的确比较高，四种联合方式如果可以灵活使用，基本上复杂的语句结构也会简单起来。

3．子查询

子查询是一个查询语句嵌套在另一个查询语句中。内层查询语句的结果，可以为外层查询语句提供查询条件。

子查询关键字：in、not in、any、all、exists、not exists。

1）带 in 关键字的子查询

实例如下：

    select * from employee where d_id in (select d_id from department)

not in 与之相反。

2）带比较运算符的子查询

比较运算符包括=、!=、> 、>=、 <、 <=、 <>等。实例如下：

    select id, name, score from computer_stu where score >= (select score from schoolarship where level =
1);

3）带 exists 关键字的子查询

exists 表示存在，内层返回一个布尔值。如果内层返回 false，则不进行外层查询，返回空值；如果内层返回 true，则进行外层查询。实例如下：

    select * from employee where exists (select d_name from department where d_id = 1003);

exists 可以与其他查询条件一起使用，用 and、or 连接。实例如下：

    select * from employee where age > 25 and exists (select d_name from department where d_id =
1003);

not exists 与 exists 正好相反。注意相关子查询，子查询的条件依赖于外层查询中的某些值。

4）带 any 关键字的子查询

any 关键字表示满足其中任何一条件。只要满足内层查询语句返回结果中的任何一个，就可以通过该条件执行外层查询语句。>any 表示大于任何一个值，=any 表示等于任何一个值。实例如下：

    select * from computer_stu where score >= any (select score from scholarship);

5）带 all 关键字的子查询

all 表示满足所有条件。只有满足内层查询语句返回的所有结果，才可以执行外层查询语句。实例如下：

    select * from computer_stu where score >= all (select score from scholarship);

6）使用 LIMIT 查询

LIMIT 一般用于经常要返回前几条或者中间某几行数据的查询语句中，具体格式如下：
SELECT * FROM table   LIMIT [offset,] rows | rows OFFSET offset

LIMIT 子句可以被用于强制 SELECT 语句返回指定的记录数。LIMIT 接受一个或两个数字参数，参数必须是一个整数常量。如果给定两个参数，第一个参数指定第一个返回记录行的偏移量，第二个参数指定返回记录行的最大数目。初始记录行的偏移量是 0 (而不是 1)，举例说明：

```
mysql> SELECT * FROM table LIMIT 5,10;        // 检索记录行 6-15
```

为了检索从某一个偏移量到记录集的结束所有的记录行，可以指定第二个参数为–1：

```
mysql> SELECT * FROM table LIMIT 95,-1;       // 检索记录行 96-last
```

如果只给定一个参数，它表示返回最大的记录行数目：

```
mysql> SELECT * FROM table LIMIT 5;           //检索前 5 个记录行
```

换句话说，LIMIT n 等价于 LIMIT 0，n。而如果想要实现从数据库的最后一条倒序读出固定的信息条数，则可用：

select * from tablename where(后加条件) order by (条件) desc limit (固定条数) ；

例如：如果想从表 hello 中读出 10 条以 id 形式排列的 classID 数为 0 的信息。可写为

select * from hello where classID=0 order by id desc limit 10;

在 SQL 语句中，LIMIT 的功能非常强大，使用的地方很多，所以要多注意，使用它能够很大地节省代码数，让代码简洁明了。

4.4 分类汇总与排序

【任务 18】统计客户总人数。

任务分析：使用 count 函数汇总记录数。

任务代码如下：

```
Select count(*)    as  总人数  from account;
```

【任务 19】计算 orders 表单平均价。

任务分析：使用 avg 函数计算平均值。

任务代码如下：

```
Select avg(totalprice) as  每单平均价  from orders;
```

【任务 20】计算 orders 表成交总额。

任务分析：使用 sum 函数计算总和。

任务代码如下：

```
Select sum(totalprice) as  成交总额  from orders;
```

【任务 21】显示 orders 表单笔最高成交额和最低成交额。

任务分析：使用 max、min 函数计算最大、最小值。

任务代码如下：

```
Select max(totalprice) as  最高成交额,
       Min(totalprice) as  最低成交额
       From orders;
```

【任务 22】按性别统计客户人数。

任务分析：使用 group by 结合 count 函数分类汇总。

任务代码如下：

```
Select sex,count(*) from account group by sex;
```

【任务 23】按商品类别统计各类商品总数、平均单价。

任务分析：使用 group by 分类统计。

任务代码如下：

Select catid，sum(qty), avg(unitcost) from product group by catid;

【任务 24】将客户信息按电话号码从大到小排序。

任务分析：使用 order by 排序。

任务代码如下：

Select * from account order by phone desc;

【任务 25】将 orders 表按客户号从小到大排序，客户号相同的按订购日期从大到小排序。

任务分析：使用 order by 多列参加排序。

任务代码如下：

Select * from orders order by userid,orderdate desc;

【任务 26】显示 lineitem 表中商品的购买总数量超过 2 件的商品编号和购买总数量，并按购买数量从小到大排序。

任务分析：综合运用，有一定难度，分类统计相结合，再加上 having 条件。

任务代码如下：

Select itemid,sum(quantity) from lineitem

　　　Group by itemid

　　　Having sum(quantity)>=2

　　　　　Order by sum(quantity);

【相关知识】

1．集合函数

截至目前，我们学习的都是如何根据特定的条件从表中取出一条或多条记录。那么，如何对一个表中的记录进行数据统计？例如，统计存储在表中的一次民意测验的投票结果，或者统计一个访问者在某站点上平均花费了多少时间。要对表中的任何类型的数据都进行统计时，就需要使用集合函数。集合函数可以统计记录数目、平均值、最小值、最大值，或者求和等。当使用一个集合函数时，它只返回一个数，该数值代表这几个统计值之一。

这些函数的最大特点就是经常和 GROUP BY 语句配合使用，需要注意的是，集合函数不能和非分组的列混合使用。

1）行列计数

行列计算是计算查询语句返回的记录行数。例如，计算 pet 表中猫的只数：

```
mysql>SELECT count(*) FROM pet WHERE species='cat';
```

2) 统计字段值的数目

例如，计算 pet 表中 species 列的数目：

mysql> SELECT count(species) FROM pet;

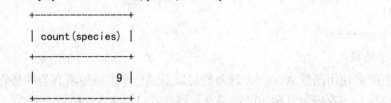

```
+-----------------+
| count(species)  |
+-----------------+
|               9 |
+-----------------+
```

如果相同的种类出现了不止一次，该种类将会被计算多次。如果想知道种类为某个特定值的宠物有多少个，可以使用 WHERE 子句，如下例所示：

mysql> SELECT COUNT(species) FROM pet WHERE species='cat' ;

注意这条语句的结果：

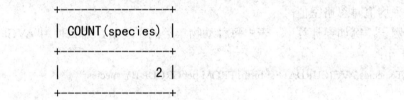

```
+-----------------+
| COUNT(species)  |
+-----------------+
|               2 |
+-----------------+
```

该例返回种类为'cat'的作者的数目。如果这个名字在表 pet 中出现了两次，则此函数的返回值是 2。而且这条语句和行列计数语句的结果是一致的：

SELECT count(*) FROM pet WHERE species='cat'

实际上，这两条语句是等价的。

假如想要知道有多少不同种类的宠物数目，则可以通过使用关键字 DISTINCT 来得到该数目。如下例所示：

mysql> SELECT COUNT(DISTINCT species) FROM pet;

```
+--------------------------+
| COUNT(DISTINCT species)  |
+--------------------------+
|                        5 |
+--------------------------+
```

如果种类'cat'出现了不止一次，它将只被计算一次。关键字 DISTINCT 决定了只有互不相同的值才被计算。

通常，当使用 COUNT( )时，字段中的空值将被忽略。

另外，COUNT( )函数通常和 GROUP BY 子句配合使用，例如可以这样返回每种宠物的数目：

mysql> SELECT species,count(*) FROM pet GROUP BY species;

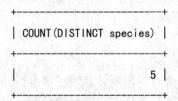

```
+---------+----------+
| species | count(*) |
+---------+----------+
| bird    |        2 |
```

```
| cat     |       2 |
| dog     |       3 |
| hamster |       1 |
| snake   |       1 |
+---------+---------+
```

3) 计算字段的平均值

需要计算平均值时可使用函数 AVG( )，该函数可以返回一个字段中所有值的平均值。

假如要对某站点进行一次较为复杂的民意调查，访问者可以在 1～10 之间投票，表示他们喜欢该站点的程度。将投票结果保存在名为 vote 的 INT 型字段中，使用函数 AVG( ) 计算用户投票的平均值：

SELECT AVG(vote) FROM opinion

该 SELECT 语句的返回值代表用户对其站点的平均喜欢程度。函数 AVG( )只能对数值型字段使用，在计算平均值时忽略空值。

再给出一个实际例子，例如要计算 pet 表中每种动物年龄的平均值，那么使用 AVG( ) 函数和 GROUP BY 子句：

mysql> SELECT species,AVG(CURDATE()-birth) FROM pet GROUP BY species;

返回的结果为：

```
+---------+----------------------+
| species | AVG(CURDATE()-birth) |
+---------+----------------------+
| bird    |                34160 |
| cat     |              74959.5 |
| dog     |        112829.66666667 |
| hamster |                19890 |
| snake   |                49791 |
+---------+----------------------+
```

4) 计算字段值的和

假设某站点被用来出售某种商品，已经运行了两个月，需要计算赚了多少钱。假设用一个名为 orders 的表来记录所有访问者的定购信息。要计算所有定购量的总和，可以使用函数 SUM( )：

SELECT SUM(purchase_amount) FROM orders

函数 SUM()的返回值代表字段 purchase_amount 中所有值的总和。字段 purchase_amount 的数据类型是 DECIMAL 类型，也可以对其他数值型字段使用函数 SUM( )。

用一个不太恰当的例子说明，计算 pet 表中同种宠物的年龄的总和：

mysql> SELECT species,SUM(CURDATE()-birth) FROM pet GROUP BY species;

查看结果，与前一个例子对照：

```
+---------+----------------------+
| species | SUM(CURDATE()-birth) |
```

```
+---------+--------------------+
| bird    |              68320 |
| cat     |             149919 |
| dog     |             338489 |
| hamster |              19890 |
| snake   |              49791 |
+---------+--------------------+
```

5) 计算字段值的极值

求字段的极值，涉及两个函数：MAX( )和 MIN( )。

例如，在 pet 表中查询最早的宠物出生日期，由于日期最早就是值最小，所以可以使用 MIN( )函数：

```
mysql> SELECT MIN(birth) FROM pet;
+------------+
| MIN(birth) |
+------------+
| 1989-05-13 |
+------------+
```

但是，只知道了日期，还是无法知道是哪只宠物，可能想到这样做：

```
SELECT name,MIN(birth) FROM pet;
```

但是，这是一个错误的 SQL 语句，因为集合函数不能和非分组的列混合使用，这里 name 列是没有分组的。所以，无法同时得到 name 列的值和 birth 的极值。

MIN( )函数同样可以与 GROUP BY 子句配合使用，例如：

```
mysql> SELECT species,MIN(birth) FROM pet GROUP BY species;
```

下面是令人满意的结果：

```
+---------+------------+
| species | MIN(birth) |
+---------+------------+
| bird    | 1997-12-09 |
| cat     | 1993-02-04 |
| dog     | 1989-05-13 |
| hamster | 1999-03-30 |
| snake   | 1996-04-29 |
+---------+------------+
```

另一方面，如果想知道最近的出生日期，即日期的最大值，可以使用 MAX( )函数，如下例所示：

```
mysql> SELECT species,MAX(birth) FROM pet GROUP BY species;
+---------+------------+
| species | MAX(birth) |
+---------+------------+
```

```
    | bird    | 1998-09-11 |
    | cat     | 1994-03-17 |
    | dog     | 1990-08-31 |
    | hamster | 1999-03-30 |
    | snake   | 1996-04-29 |
    +---------+------------+
```

在本节中，介绍了一些典型的集合函数的用法，包括计数、均值、极值和总和，这些都是 SQL 语言中非常常用的函数。这些函数之所以称为集合函数，是因为它们应用在多条记录中，所以集合函数最常见的用法就是与 GROUP BY 子句配合使用。需要注意的是，集合函数不能同未分组的列混合使用。

2．查询排序

使用 ORDER BY 子句对查询返回的结果按一列或多列排序。ORDER BY 子句的语法格式如下：

ORDER BY column_name [ASC|DESC] [...]

其中 ASC 表示升序，为默认值，DESC 为降序。ORDER BY 不能按 text 和 image 数据类型进行排序，可以根据表达式进行排序。

例如，将动物生日按日期排序：

mysql> SELECT name, birth FROM pet ORDER BY birth;

```
    +----------+------------+
    | name     | birth      |
    +----------+------------+
    | Buffy    | 1989-05-13 |
    | Fang     | 1990-08-27 |
    | Bowser   | 1990-08-31 |
    | Fluffy   | 1993-02-04 |
    | Claws    | 1994-03-17 |
    | Slim     | 1996-04-29 |
    | Whistler | 1997-12-09 |
    | Chirpy   | 1998-09-11 |
    | Puffball | 1999-03-30 |
    +----------+------------+
```

为了以逆序排序，可增加 DESC 关键字到正在排序的列名上：

mysql> SELECT name, birth FROM pet ORDER BY birth DESC;

```
    +----------+------------+
    | name     | birth      |
    +----------+------------+
    | Puffball | 1999-03-30 |
    | Chirpy   | 1998-09-11 |
```

```
| Whistler | 1997-12-09 |
| Slim     | 1996-04-29 |
| Claws    | 1994-03-17 |
| Fluffy   | 1993-02-04 |
| Bowser   | 1990-08-31 |
| Fang     | 1990-08-27 |
| Buffy    | 1989-05-13 |
+----------+------------+
```

还可以在多个列上排序。例如，按动物的种类排序，然后按生日，首先是动物种类中最年轻的动物，使用下列查询：

mysql> SELECT name, species, birth FROM pet ORDER BY species, birth DESC;

```
+----------+---------+------------+
| name     | species | birth      |
+----------+---------+------------+
| Chirpy   | bird    | 1998-09-11 |
| Whistler | bird    | 1997-12-09 |
| Claws    | cat     | 1994-03-17 |
| Fluffy   | cat     | 1993-02-04 |
| Bowser   | dog     | 1990-08-31 |
| Fang     | dog     | 1990-08-27 |
| Buffy    | dog     | 1989-05-13 |
| Puffball | hamster | 1999-03-30 |
| Slim     | snake   | 1996-04-29 |
+----------+---------+------------+
```

注意：DESC 关键词仅适用于紧跟在它之前的列名字(birth)，species 值仍然以升序排序。注意，输出首先按照 species 排序，然后具有相同 species 的宠物再按照 birth 降序排列。

3. 分类汇总

GROUP BY 从句根据所给的列名返回分组的查询结果，可用于查询具有相同值的列。其语法为：

GROUP BY col_name，....

GROUP BY 可以为多个列分组。例如：

mysql>SELECT * FROM pet GROUP BY species;

name	owner	species	sex	birth	death
Chirpy	Gwen	bird	f	1998-09-11	NULL
Fluffy	Harold	cat	f	1993-02-04	NULL
Buffy	Harold	dog	f	1989-05-13	NULL

```
| Puffball  | Diane   | hamster | f     | 1999-03-30 | NULL  |
| Slim      | Benny   | snake   | m     | 1996-04-29 | NULL  |
+-----------+---------+---------+-------+------------+-------+
```

由以上结果可以看出：

查询显示结果时，被分组的列如果有重复的值，只返回靠前的记录，并且返回的记录集是排序的。这并不是一个很好的结果，仅仅使用 GROUP BY 从句并没有什么意义，该从句的真正作用在于与各种组合函数配合，用于行计数。

1) 使用 COUNT( )函数计数非 NULL 结果的数目

可以这样计算表中记录行的数目：

```
mysql> select count(*) from pet;
```

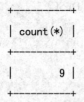

```
+----------+
| count(*) |
+----------+
|        9 |
+----------+
```

计算 sex 为非空的记录数目：

```
mysql> select count(sex) from pet;
```

```
+------------+
| count(sex) |
+------------+
|          8 |
+------------+
```

现在配合 GROUP BY 从句使用。例如，要知道每个主人有多少宠物，可用如下语句：

```
mysql> SELECT owner, COUNT(*) FROM pet GROUP BY owner;
+---------+----------+
| owner   | COUNT(*) |
+---------+----------+
| Benny   |        2 |
| Diane   |        2 |
| Gwen    |        3 |
| Harold  |        2 |
+---------+----------+
```

又如，计算每种宠物的个数可用下列语句：

```
mysql> SELECT species,count(*) FROM pet GROUP BY species;
+---------+----------+
| species | count(*) |
+---------+----------+
| bird    |        2 |
| cat     |        2 |
```

```
| dog     |        3 |
| hamster |        1 |
| snake   |        1 |
+---------+----------+
```

如果除了计数还需要返回一个列的值，那么必须使用 GROU BY 语句，否则无法计算记录。例如上例，使用 GROUP BY 对每个 owner 分组所有记录，否则，得到的将是一条错误消息：

mysql> SELECT owner, COUNT(owner) FROM pet;

ERROR 1140 at line 1: Mixing of GROUP columns (MIN(),MAX(),COUNT()...)

with no GROUP columns is illegal if there is no GROUP BY clause

也可以根据多个列分组，例如，按种类和性别组合的动物数量：

mysql> SELECT species, sex, COUNT(*) FROM pet GROUP BY species, sex;

```
+---------+------+----------+
| species | sex  | COUNT(*) |
+---------+------+----------+
| bird    | NULL |        1 |
| bird    | f    |        1 |
| cat     | f    |        1 |
| cat     | m    |        1 |
| dog     | f    |        1 |
| dog     | m    |        2 |
| hamster | f    |        1 |
| snake   | m    |        1 |
+---------+------+----------+
```

2) having 的用法

having 子句可以筛选成组后的各种数据。where 子句在聚合前先筛选记录，也就是说，作用在 GROUP BY 和 having 子句前，而 having 子句在聚合后对组记录进行筛选。having 一般跟在 GROUP BY 之后，执行记录组选择的一部分来工作。where 则是执行所有数据来工作的。再者 having 可以使用聚合函数，如 having sum(qty)>1000。

如统计个数大于 1 的每种宠物的数量可用下列语法格式：

mysql> SELECT species,count(*) FROM pet GROUP BY species having count(*)>1;

```
+---------+----------+
| species | count(*) |
+---------+----------+
| bird    |        2 |
| cat     |        2 |
| dog     |        3 |
+---------+----------+
```

技 能 训 练

1. 对 deposite 表进行统计，按银行统计存款总数，显示为 b_id, total。

2. 对 deposite、customer、bank 进行查询，查询条件为 location 在广州、苏州、济南的客户，存款在 300 000～500 000 之间的存款记录，显示客户姓名(name)、银行名称(bank_name)、存款金额(amount)。

3. 完成以下题目：

(1) 在 bank 中插入一条新记录 B0005，交通银行；

(2) 查询今天到期的存款信息；

(3) 查询存款金额超过 50 000 且存款期限为 3 年的存款信息；

(4) 查询前 3 名的存款信息；

(5) 查询孙杨在中国银行的存款信息；

(6) 查询存款日期在 2004 年之后的农业银行的存款信息，并按降序排列。

单元5 数据视图和索引

【任务描述】

petshop 数据库中将数据分成了多个表，但很多时候需要同时显示几张表上的关联数据。比如查找某人的订单详情，输出其购买时间、购买商品、品类、客户姓名、价格，为了达到目的可以对数张表进行嵌套查询，但这并不是最好的选择。更好的选择是利用视图形成一张包含所有内容的虚表，然后查询这张视图，这些都需要视图操作。当数据很多时，还可以通过建立索引来提高查询效率。

【学习目标】

(1) 熟练掌握视图的创建方法；

(2) 熟练掌握视图的查询方法；

(3) 熟练掌握通过视图操作数据的方法；

(4) 熟练掌握修改视图定义的方法；

(5) 熟练掌握删除视图的方法；

(6) 熟练掌握索引的创建方法；

(7) 熟练掌握索引的删除方法。

5.1　视图的创建

【任务1】　建立视图 petshop.orders_acc，显示订单的相关信息，包括订单号、顾客姓名、订单时间、订单价值和订单状态。

任务分析：要完成上述任务，因为客户姓名存储在 account 表中，而其他几项都存储在 orders 表中，故建立一个包含 orders 和 account 的视图即可。

任务代码如下：

```
create or replace view petshop.orders_acc
    as
    select orderid,fullname,orderdate,totalprice,status
    from petshop.orders, petshop.account
    where orders.userid=account.userid
    with check option;
```

【相关知识】

建立视图时，使用 CREATE 命令，语法如下：

```
CREATE [OR REPALCE] VIEW VIEW_NAME [(COLUMN_LIST)]
    AS SELECT_STATEMENT
    [WITH CHECK OPTION]
```

其中：

(1) CREATE 后面可以加 OR REPLACE，其作用是若存在同名视图，则覆盖之。

(2) VIEW 是视图的引导词，后接要建立的视图名称。

(3) 视图名称后可以选择加上列名，各列名之间以逗号隔开，整体用小括号括起，这些列名将作为视图的列名，如果不定义，则视图沿用表的列名。需要注意，所定义的列名数量必须等于 SELECT 语句查询的列数。

(4) AS 是 SELECT 语句的引导词，后接用来创建视图的 SELECT 语句。

(5) WITH CHECK OPTION 通常建议加上，可以确保当数据修改之后，仍然可以通过视图看到修改后的数据。

注意：在建立视图时要确保使用的表或视图是已存在的，且有操作权限。

5.2　视图的查询

【任务2】通过任务1建立的视图查询刘晓和的订单信息。

任务分析：视图一旦建立，就可以如表一样进行查询，其方法与表查询无二。

任务代码如下：

```
select *
    from petshop.orders_acc
    where fullname='刘晓和';
```

【相关知识】

视图可以看作是普通的表，用与表相同的方式查询即可，具体可参照表查询的部分。

注意：如果视图建立之后，其来源表添加了新的字段，则视图中不会出现新的字段；若源表被删除，则视图无法再使用。

5.3　通过视图操作数据

【**任务 3**】建立用户表 account 中核心数据列的视图，并用该视图进行用户的增删改。

任务分析：对 account 表中定义为 not null 的列建立视图，然后用视图去做增删改操作。

(1) 建立视图，代码如下：

```
create or replace view acc
    as
    select userid,fullname,password,sex,phone
    from account
    with check option;
```

(2) 增加新客户(u0007，丁一 ，123456，男，13512345678)。

```
Insert into acc
    values ('u0007','丁一','123456','男','13512345678');
```

(3) 修改丁一的电话号码为 13000005678。

```
update acc
    set phone='13000005678'
    where fullname='丁一';
```

(4) 删除客户丁一。

```
delete
    from acc
    where fullname='丁一';
```

【相关知识】

1．不是所有视图都可以操作数据

在之前的任务中曾经建立过视图 orders_acc，但在这一节中却重新建立视图而没有使用它，是因为不是所有的视图都可以操作数据。只有可更新视图才可以做全部的数据操作。

当视图中存在以下情况时，视图不是可更新视图。

(1) 来源于多表。

(2) 使用了聚合函数。

(3) 来源于不可更新视图。

(4) 有 GROUP BY 子句。

(5) 使用了 DISTINCT 关键字。

(6) 有 ORDER BY 子句。

(7) 有 HAVING 子句。

(8) WHERE 中的子查询引用了 FROM 中的表。

所以，之前建立的视图 orders_acc 并不是一个可更新视图，无法进行全部的数据操作。

2．通过视图插入数据

通过视图插入数据时，把视图当作一个表来进行操作即可，与表的 INSERT 操作无二。但若视图来源于多个表，则不允许进行插入操作。

3．通过视图修改数据

通过视图修改数据时，把视图当作一个表来进行操作即可，与表的 UPDATE 操作无二。若视图来源于多个表，则一次只允许变动一个源表的数据。

4．通过视图删除数据

通过视图删除数据时，把视图当作一个表来进行操作即可，与表的 DELETE 操作无二。但若视图来源于多个表，则不允许进行删除操作。

5.4 修改视图定义

【任务 4】修改任务 3 建立的视图 acc，增加地址列。

任务分析：使用 ALTER 命令重新构建视图即可。

任务代码如下：

```
alter view acc
    as
    select userid,fullname,password,sex,phone,address
    from account
    with check option;
```

【相关知识】

修改视图使用 ALTER 命令，其语法为：

```
ALTER VIEW VIEW_NAME [(COLUMN_LIST)]
    AS SELECT_STATEMENT
    [WITH CHECK OPTION]
```

其中，ALTER 是修改视图定义的命令，其他命令与 CREATE 类似。

5.5 删 除 视 图

【任务 5】删除任务 4 建立的视图 acc。

任务分析：使用 DELETE 命令删除视图即可。

任务代码如下：

```
delete view
    If exsits
    acc;
```

【相关知识】

删除视图使用 DELETE 命令，其语法为：

DELETE VIEW [IF EXSITS]

      VIEWNAME [,VIEWNAME,...]

其中：

(1) DELETE 是删除视图的命令。

(2) 可以选用 IF EXSITS，使用之后，若要删除的视图不存在，命令也不会出错，建议加上。

(3) 可以一次删除多个视图，各视图名之间以逗号隔开。

5.6　索引的创建

【任务 6】为 orders 表建立索引，以加快对某特定客户订单的查询。

任务分析：对 orders 表的 userid 列建立一个索引即可。

任务代码如下：

```
create index or_us
    on orders(userid(6) asc);
```

相关知识如下：

语法：

    CREATE [UNIQUE|FULLTEXT] INDEX INDEXNAME

        ON TABLENAME(COLUMN[(LENGTH)] [ASC|DESC])

其中：

(1) CREATE INDEX 是建立索引的命令，后接索引的名称。

(2) 可以选用 UNIQUE 建立唯一性索引，但放入该索引的列中的值必须是唯一的；也可以使用 FULLTEXT 建立全文索引，但只有 varchar 和 text 类型的列才能建立。

(3) ON 是对哪一张表建立索引的引导词，后接需要建立索引的表名称。

(4) 表名后用括号标注需要建立索引的列，如对多列建立复合索引，则各列名间用逗号隔开。

(5) 列名后可选用使用该列的前多少个字符来建立索引，用小括号括上具体数字即可。

(6) 可以选用 ASC 或者 DESC 设置索引以升序或降序排列，默认 ASC。

使用索引能加快查询数据的速度，尤其在数据行数很多的情况下。

索引以文件形式存储，会占用磁盘空间，更新索引列数据时，同时也会更新索引，如果索引太多，反而会拉低效率，所以索引并不是越多越好。

5.7　索引的删除

【任务 7】删除任务 6 建立的索引 or_us。

任务分析：使用 DROP 命令删除索引即可。

任务代码如下：

```
drop index
    or_us
    on orders;
```

【相关知识】

语法：

```
DROP INDEX
    INDEXNAME
    ON TABLENAME
```

其中：DROP 是删除索引的命令，其他命令与建立索引类似。

索引的建立和删除，除了上面提到的方式以外，也可以通过修改表定义的操作来完成。

索引类型中还有一种 hash 索引，适用于表类型为 memory 或者 heap 时。这种索引不需要建立树结构，在根据一个值获取特定行时，其速度非常快。

技 能 训 练

1．给之前技能训练的 **MyBank** 数据库建立视图，用于显示客户的存款流水，包含流水号、客户姓名、银行名称、存入时间、存入金额。然后通过该视图查询孙杨的存款流水。

2．建立简单的客户信息视图，仅包含客户的核心信息。

(1) 通过该视图添加新客户，新客户姓名为"何二"。

(2) 通过该视图添加新客户，新客户姓名为"朱三"。

(3) 通过该视图删除朱三的信息。

3．删除以上 2 个视图。

4．为 deposite 表添加升序索引，用于快速查询大额存款。

5．删除上题为 deposite 添加的索引。

单元 6 存储过程和存储函数

【任务描述】

用户在 petshop 购物时，店里管理人员结合实际可能需要考虑更为复杂的情形：

(1) 在生成订单之前，首先需要查看商品库存是否足够；

(2) 如果库存足够，则需要修改库存数量以反映正确的库存量，同时保证该商品不再售给别人；

(3) 如果库存不足，则需要向供货方订货，这同样需要与供货方进行某种交互。

对于以上一个完整的操作，不是单条 SQL 语句能够实现的，需要编写针对多个表的多条 SQL 语句。同时，在 SQL 语句具体执行过程中，执行顺序也不是固定的，需要根据前面 SQL 语句的执行结果而选择执行后面的 SQL 语句。当然也可以单独编写每条 SQL 语句，并根据结果有条件地执行其他语句，但是每次需要这个处理时都必须重复进行这些工作。为了简化操作，提高操作效率，有时候需要把多条命令组合在一起一次性执行，同时程序也需要重复使用以减少数据库开发人员的工作量，这就需要存储过程或存储函数。简单来看，可以将其视为批文件，虽然其作用不仅限于批处理。

【学习目标】

(1) 理解存储过程的功能和作用。

(2) 理解存储函数的功能和作用。

(3) 能编写简单的存储过程并掌握调用存储过程的方法。

(4) 能编写简单的存储函数并掌握其使用方法。

6.1　创建存储过程

【任务 1】　在 petshop 数据库中创建一个存储过程，其功能是查询 account 表中女客户的姓名、地址和电话信息。

任务代码如下：

```
delimiter $$
create procedure query_info( )
begin
    select fullname, address, phone from account where sex='女';
end$$
delimiter ;
```

【相关知识】

1. 使用 CREATE PROCEDURE 语句创建存储过程

语法：CREATE PROCEDURE procedure_name([procedure_parameter[, …]])
　　　routine_body

使用 CREATE PROCEDURE 语句创建存储过程时，其中 procedure_name 参数表示所要创建的存储过程名字，procedure_parameter 参数表示存储过程的参数，存储过程可以有 0 个、1 个或多个参数，如果没有参数，存储过程名字后的括号不能省略，如果有多个参数，中间需用逗号隔开。routine_body 参数表示存储过程的 SQL 语句代码。

(1) 在创建存储过程时，存储过程名 procedure_name 不能与已经存在的存储过程名或者内置函数名重名，否则会发生错误。

(2) procedure_parameter 中每个参数的语法格式如下：

　　　[IN|OUT|INOUT] procedure_parameter type

在上述语句中，每个参数由三部分组成，分别为输入/输出类型、参数名和参数类型。其中输入/输出类型有三种，IN 表示输入类型，OUT 表示输出类型，INOUT 表示输入/输出类型。procedure_parameter 表示参数名，要注意参数的名字不能使用列的名字，否则虽然不会返回错误信息，但是存储过程中的 SQL 语句会将参数名看成列名，从而引发不可预知的结果。type 表示参数类型，可以是 MySQL 软件所支持的任意一个数据类型。

例如创建一个存储过程，判断输入的两个整数型参数 n1，n2 的大小，则 n1，n2 为输入参数，resulte 为输出的比较结果，为字符型。可以如下定义：

CREATE PROCEDURE cp_num(IN n1 INTEGER, IN n2 INTERGER, OUT result CHAR(6))

(3) routine_body 是存储过程的主体部分，里面包含了在过程调用时必须执行的语句，该部分以 BEGIN 开始，以 END 结束。当该部分只包含一个 SQL 语句时可以省略 BEGIN-END 标志。

2．使用 delimiter 命令修改 MySQL 语句的结束标志

在 MySQL 中，服务器处理语句时是以分号作为结束标志的。但是在创建存储过程时，存储过程体中可能包括多个 SQL 语句，每个 SQL 语句都是以分号作为结尾的。这样当服务器处理第一个 SQL 语句遇到分号时就会认为程序已经结束了，这样肯定是行不通的。所以需要使用 delimiter 命令将 MySQL 语句的结束标志修改为其他符号。

语法：DELIMITER $$

这里$$是用户定义的结束符，一般用户定义的结束符可以是一些特殊的符号，比如"##"，"&&"，等等。当使用 delimiter 命令时，应该避免使用反斜杠("\")字符作为结束符，因为它是 MySQL 的转义字符。

例如，DELIMITER ##;　执行完该语句后，SQL 语句的结束标志就由之前的";"转换为"##"了。如果想恢复使用分号";"作为结束符，则只需要执行下面的命令就可以了：

　　　DELIMITER ;

在任务一开始的代码中，在关键字 BEGIN 和 END 之间指定了存储过程主体，被看作一个整体。由于在程序开始用 DELIMITER 语句将语句结束符转换为"$$",因此在主体运行结束后，需要在 END 后用"$$"来结束。

当调用该存储过程时，不需要输入参数，MySQL 会直接查询 account 表中女客户的姓名、地址和电话信息。

3．存储过程体

1）局部变量

在存储过程中可以声明局部变量，用来存储临时结果。要声明局部变量必须使用 declare 命令，在声明局部变量的同时也可以对其赋一个初始值。

语法：DECLARE var_name[, …] type[DEFAULT value]

var_name 参数表示所要声明的变量名字；参数 type 表示所要声明变量的类型；DEFAULT value 用来实现设置变量的默认值，如果没有该语句默认值为 NULL。

在具体声明变量时，可以同时定义多个变量。例如声明一个整型变量和两个字符变量，命令如下：

　　　DECLARE num INT;
　　　DECLARE str1,str2 VARCHAR;

注意：不要混淆局部变量和用户变量。局部变量前面没有使用@符号，局部变量在其所在的 BEGIN...END 语句块处理完后就失效了，而用户变量存在于整个会话当中，当客户端退出时，变量会被释放。

2）赋值变量

给局部变量赋值时可以使用 SET 命令来实现：

语法：SET var_name=expr[,…]；参数 expr 是关于变量的赋值表达式。

在为变量赋值时，可以同时为多个变量赋值，各个变量的赋值语句之间用逗号隔开。

例如在存储过程中给局部变量 num 赋值为 1，str1 赋值为 hello，命令如下：

　　　SET num=1，str='hello';

3) SELECT…INTO 语句

为局部变量赋值，除了以上方法之外，还可以通过关键字"SELECT…INTO"语句来实现。

　　语法：SELECT field_name[, …] INTO var_name[, …]

　　　　　　　FROM table_name

　　　　　　　　　WHERE condition

在上述语句中将查询到的结果赋值给变量，field_name 参数表示查询的字段名，var_name 参数表示变量名。

　　注意：将查询结果赋值给变量时，查询语句的返回结果只能是单行。

　　例如在存储过程体中将 orders 表中 orderid 为 20130411 的订单总价赋给变量 tp：

　　　　SELECT totalprice into tp

　　　　　　FROM orders

　　　　　　　　WHERE orderid =20130411;

6.2　显示存储过程

　　【任务 2】查看 petshop 数据库中有哪些存储过程。

　　任务代码：查询当前数据库中的存储过程：

　　　　SHOW PROCEDURE STATUS;

　　【相关知识】

(1) 使用 SHOW PROCEDURE STATUS 语句查询当前数据库的存储过程：

　　语法：SHOW PROCEDURE STATUS;

(2) 使用 SHOW CREATE PROCEDURE 语句查看存储过程的创建代码：

　　语法：SHOW CREATE PROCEDURE procedure_name;

其中, procedure_name 参数表示存储过程名。例如要查看任务 1 创建的存储过程 query_info，可以使用下面的命令：

　　　　mysql>show create procedure query_info;

6.3　调用存储过程

　　【任务 3】执行存储过程 query_info，查询 account 表中女客户的姓名、地址和电话信息。

　　任务代码如下：

　　　　call query_info();

　　【相关知识】

　　存储过程创建完成后，可以在程序、触发器(单元 7 中介绍)或者存储过程中被调用，调用时都必须使用 CALL 命令。

　　语法：CALL procedure_name([procedure_parameter[, …]])

其中，procedure_name 参数表示所要创建的存储过程的名字，procedure_parameter 参数表示存储过程使用的参数，该语句中参数的个数必须和存储过程创建中定义的参数个数一致。

6.4　删除存储过程

【任务 4】删除存储过程 query_info。

任务代码如下：

```
drop procedure query_info( );
```

【相关知识】

存储过程创建完成后需要删除时，可以使用 drop procedure 命令。要注意在删除之前必须确认该存储过程没有任何依赖关系，否则会导致与其有关联关系的存储过程无法执行。

语法：DROP PROCEDURE [IF EXISTS] procedure_name

procedure_name 参数表示所要创建的存储过程名字，如果该存储过程不存在，则添加 IF EXISTS 子句可以防止发生错误。

6.5　流程控制语句

流程控制语句主要用来实现控制语句的执行顺序，比如条件、顺序和循环。对于 MySQL 来说，可以通过关键字 IF 和 CASE 来实现条件控制，关键字 LOOP、WHILE 和 REPEAT 实现循环控制。

【任务 5】创建存储过程，判断输入的两个参数 n1，n2 哪一个更大，并将比较结果放在字符变量 result 中输出。

任务分析：该任务采用条件控制语句来实现，所谓条件控制即根据不同条件执行不同的操作。MySQL 支持通过 IF、CASE 两种方式创建循环语句。

任务代码如下：

(1) 通过 IF 语句实现。

```
delimiter $$
create procedure cp_name(IN n1 INTEGER, IN n2 INTEGER, OUT result CHAR(6) )
begin
    if n1 > n2 then
        set result = '大于';
    elseif n1= n2 the
        set result = '等于';
    else
        set result= '小于';
    end if
end$$
delimiter ;
```

调用该存储过程，如果要将输出参数 result 的输出结果直接显示就要放到用户变量 R 中，否则局部变量在程序结束后就不再保留，如下：

```
call cp_num(3 ,6 , @R );
select @R
```

可以看到，由于 3 < 6，所以输出参数 R 的值为"小于"。

(2) 通过 CASE 语句实现。

```
delimiter $$
create procedure cp_name(IN n1 INTEGER, IN n2 INTEGER, OUT result CHAR(6) )
begin
  case
    when n1 > n2 then set result = '大于';
    when n1 = n2 then set result = '等于';
    else set result= '小于';
  end case;
end$$
delimiter ;
```

【相关知识】

1．IF 分支控制语句

IF-THEN- ELSE 语句控制程序根据不同条件执行不同的操作。

语法：IF condition THEN statement_list

    [ELSEIF condition THEN statement_list] …

    [ELSE statement_list]

    END IF

其中，condition 参数是判断的条件，当 condition 为真时执行相应的 SQL 语句。statement_list 参数表示不同条件的执行语句，可以包含一个或者多个 SQL 语句。

2．CASE 分支控制语句

语法：CASE case_value

    WHEN when_value THEN statement_list

    [WHEN when_value THEN statement_list] …

    [ELSE statement_list]

    END CASE

其中，case_value 参数表示条件判断的变量，when_value 参数表示条件判断变量的值，statement_list 参数表示不同条件的执行语句。case_value 要与每一个 WHEN-THEN 块中的 when_value 数值比较，如果为真，就执行对应的 statement_list 中的 SQL 语句。如果前面的每一个块都不匹配则执行 ELSE 块指定的语句。CASE 语句最后以 END CASE 结束。

也可采用如下语法格式：

  CASE

WHEN condition THEN statement_list

[WHEN condition THEN statement_list] …

[ELSE statement_list]

END CASE

其中，CASE 关键字后 main 没有参数，在 WHEN-THEN 块中，condition 制定了一个比较表达式，表达式为真时执行 THEN 后面 statement_list 中的 SQL 语句。任务 5 中的 case 语句就是采用第二种格式。

第二种格式和第一种相比，能够实现更为复杂的条件判断，使用也更为简便。

【任务 6】创建存储过程，完成从 5 开始的自减，直到变为 0。

任务分析：该任务采用循环语句来实现，MySQL 支持通过 WHILE、REPEAT 和 LOOP 三种方式创建循环语句。其中对于前两个关键字用来实现带有条件的循环控制语句，即对于关键字 WHILE，只有在满足条件的基础上才执行循环体，而关键字 REPEAT 则是在满足条件时退出循环体。

在存储过程中可以定义一个或者多个循环语句。

任务代码如下：

(1) 通过 WHILE 语句实现。

```
delimiter $$
create procedure do_while( )
begin
  declare num INT DEFAULT 5;
  while num > 0 do
      set num = num - 1;
  end while;
end$$
delimiter ;
```

调用该存储过程时，先声明一个局部变量 num，每次循环先判断 num 的值是否大于 0，如果大于 0 则执行 num-1 自减操作，否则结束循环。

(2) 通过 REPEAT 语句实现。

```
delimiter $$
create procedure dorepeat( )
begin
  declare num INT DEFAULT 5;
  repeat
    num = num -1;
    until num <1;
  end repeat;
end$$
delimiter ;
```

调用该存储过程时，先声明一个局部变量 num，每次循环先执行 num-1 自减操作，然后再判断 num 的值是否小于 1，如果大于等于 1 则继续执行 num-1 自减操作，否则结束循环。

　　(3) 通过 LOOP 语句实现。

```
delimiter $$
create procedure doloop( )
begin
  declare num INT DEFAULT 5;
  Label: LOOP
    set num =num -1;
    if num <1 then
        leave Label;
    end if;
    end loop Lable;
end$$
delimiter ;
```

这里进入 LOOP 循环，标注为 Label，执行自减操作，然后判断变量 num 是否小于 1，是则使用 leave 语句跳出循环。

【相关知识】

1．WHILE 语句

语法：[begin_label:] WHILE condition Do

　　　　　　statement_list

　　　　END WHILE [end_label]

其中，begin_label 和 end_label 参数分别是循环开始和结束的标志，是 WHILE 语句的标注，可以省略，但不能单独出现。如果都出现，则两个标志必须相同。condition 表示循环的执行条件，只有当该条件为真时才能执行循环体 statement_list。

2．REPEAT 语句

语法：[begin_label:] REPEAT

　　　　　　statement_list

　　　　UNTIL condition

　　　　END REPEAT [end_label]

REPEAT 语句首先执行 statement_list 中的 SQL 语句，然后判断 condition 条件是否为真，如果不为真则停止循环，为真则继续循环。即 REPEAT 语句无论 condition 是否为真，至少执行 statement_list 一次。REPEAT 也可以被标注。

3．LOOP 语句

语法：[begin_label:] LOOP

　　　　　　statement_list

　　　　END LOOP [end_label]

LOOP 语句中想要实现退出正在执行的循环体，可以通过关键字 LEAVE 来实现，格式如下：

　　　　LEAVE label

其中，label 是语句中标注的名字，该名字是自定义的，加上 LEAVE 关键字就可以用来退出被标注的循环语句。

6.6　创建存储函数

　　存储函数与存储过程相似，都是由 SQL 和过程式语句组成的代码片段，都可以从应用程序和 SQL 中调用。两者的区别主要在于：

　　(1) 存储函数必须有一条 returns 语句用来返回值，而存储过程没有。

　　(2) 存储过程有输出参数，而存储函数没有。

　　(3) 不能通过 call 调用存储函数。

　　【任务 7】在 petshop 数据库中创建一个存储函数，其功能是比较某商品的市场价和单价，如果相同返回 YES，不同则返回 NO。

　　任务代码如下：

```
delimiter $$
create function jg_cp( goodname varchar(30) )
        returns char(10)
begin
    declare lp, up decimal(10,2);
    select listprice , unitcost into lp, up from product where name= goodname;
    if lp=up then return 'YES';
    else
        return 'NO';
end$$
delimiter ;
```

　　【相关知识】

　　(1) 使用 create 语句创建存储函数。

　　语法： CREATE FUNCTION function_name([function_parameter[, …]])

　　　　　RETURNS type

　　　　　routine_body

其中，function_name 参数表示所要创建的存储函数名字，存储函数不能拥有和存储过程相同的名字。function_parameter 参数表示存储函数的参数，参数有名字和类型。RETURNS type 子句声明函数返回值的数据类型。routine_body 参数表示存储函数的主体，也称为存储函数体。所有在存储过程中使用的 SQL 语句在存储函数中同样适用，包括流程控制语句。但要注意的是，存储函数体必须包含一个 RETURN values 语句，values 是存储函数的返回值，这个语句是存储过程中没有的，其他差别不是很大。

　　(2) 同存储过程，要查看数据库中有哪些存储函数，可以使用 SHOW FUNCTION

STATUS 命令。

(3) 删除存储函数的方法和删除存储过程的方法基本一致，使用 DROP FUNCTION
语句。

6.7   调用存储函数

不同于存储过程的调用，存储函数创建完成后，需要使用 SELECT 关键字来调用。

【任务8】执行任务7中的存储函数，分别比较"狮子犬""燕雀"的价格，输出结果。

任务代码如下：

    select jg_cp('狮子犬'), jg_cp('燕雀');

【相关知识】

语法：SELECT function_name([function_parameter [, …]])

function_name 参数表示所要创建的存储函数名字，function_parameter 参数表示存储函
数使用的参数，该语句中参数的个数必须和存储过程创建中定义的参数个数一致。

存储函数中还可以调用另外一个存储函数或者存储过程。

6.8   游标的使用

通过前面章节的学习我们知道，查询语句可以返回多条记录结果，那么如何在表达式
中遍历这些记录结果？在 MySQL 中可通过游标来实现。通过指定由 select 语句返回的行集
合(包括满足该语句的 where 子句所列条件的所有行)，由该语句返回完整的行集合叫做结果
集。游标可以看作是一种用来遍历结果集的特殊指针，或者是数组中的下标。处理结果集
的方法可以通过游标定位到结果集中的某一行，从当前结果集的位置搜索一行或者一部分
行或者对结果集中的当前行进行数据修改。

【任务9】统计数量大于 95 的动物种类数。

任务分析：本任务是统计商品表 product 中 qty 字段数值大于 95 的动物种类数，此任
务可以直接通过 where 条件和 count 函数完成，此任务主要是为演示游标的使用方法。

任务代码如下：

```
delimiter $$
create procedure product_count( OUT num integer)
begin
 #声明变量
    declare product_qty integer;
    declare flag integer;
    #声明游标
    declare cursor_product
            cursor for select qty from product;
 #下面这行表示若没有数据返回，程序继续，并将变量 flag 设为 1
```

```
    declare continue handler for not found set flag= 1;
  #设置结束标志
    set flag = 0;
    set num = 0;
  #打开游标
    open cursor_product;
  #遍历游标指向的结果集
    fetch cursor_product into product_qty;
    while flag<>1 do
        if product_qty >95 then
            set num = num+1;
        end if;
        fetch cursor_product into product_qty;
    end while;
  #关闭游标
    close cursor_product;
end$$
delimiter ;
```

这里是使用 while…end while 遍历结果集，当然也可以采用其他几种方式遍历游标：

```
    loop…end loop
    repeat…end repeat
```

读者可以考虑采用以上两种方式重写任务 9 代码。

最后如果要调用该存储过程，可以使用如下方式：

```
mysql>call product_count(@count);
mysql>select @count;
```

【相关知识】

1．游标声明

在使用游标之前，需要通过关键字 declare 来声明。

语法：DECLARE cursor_name CURSOR FOR select_statement;

其中，cursor_name 参数表示游标的名称，select_statement 参数表示 select 语句。由于游标需要遍历结果集中的每一行，进而增加了服务器的负担，导致游标的效率并不高。如果游标操作的数据超过一万行，那么应该选择采用其他方式。

2．打开游标

打开游标通过关键字 open 来实现。

语法：OPEN cursor_name

其中，cursor_name 参数表示游标的名称。要注意的是，打开一个游标时，游标并不指向第一条记录，而是指向第一条记录的前面。

3．使用游标

使用游标通过关键字 fetch 来实现。

语法：fetch cursor_name into var_name [, var_name …]

上述语句是将游标 cursor_name 中 select 语句执行结果保存到变量 var_name 中。变量 var_name 必须在游标使用之前定义。使用游标类似高级语言中的数组遍历，当第一次使用游标时，游标指向结果集的第一条记录。

4．关闭游标

使用关键字 close 来实现游标的关闭。

语法：CLOSE cursor_name

技 能 训 练

以 MyBank 数据库为例：

1．创建一个存储过程，其实现的功能是删除一个特定用户的信息。调用该存储过程删除用户 id 为 101003 的用户的所有用户信息。

2．创建一个存储过程，其实现的功能是比较两个用户在某一个银行的存款额，如果前者比后者高，输出 0，否则输出 1。调用该存储过程，比较孙杨和郭惠在建设银行的存款额度大小。

3．创建一个存储函数，返回 customer 表中人员的数目作为结果。

单元 7 触 发 器

【任务描述】

　　触发器(Trigger)是 MySQL 的数据库对象之一，与编程语言中的函数类似，都需要声明、执行等。但触发器的执行不是由程序调用的，也不是手动启动的，而是由事件触发、激活从而实现执行的。比如在 petshop 数据库中，当要删除 product 表中某一用户时，该用户在订单表 orders 以及订单明细表 lineitem 中的所有数据也应该同时删除。此时就可以使用触发器自动实现该过程，保证数据库中记录的完整性约束。

【学习目标】

(1) 了解触发器的功能；

(2) 能编写简单的触发器程序并可立即对其进行触发；

(3) 熟练掌握 delect 语句的语法。

7.1　创建触发器

【任务 1】　创建一个触发器，其作用为当删除表 account 中某一用户信息时，同时将 orders 表和 lineitem 表中与该用户有关的数据全部删除。

任务代码如下：

```
delimiter $$
create trigger account_del
    AFTER DELETE
        on account
        for each row
begin
    declare tempid INTEGER(11);
    select orderid into tempid from orders where userid = old.userid;
    delete from orders where userid = old.userid;
    delete from lineitem where orderid = tempid;
end$$
delimiter ;
```

要验证触发器的功能，可以进行如下操作：

```
delete from account where userid='u0001';
```

删除 account 表中某个用户的信息后，使用 select 命令去查看 orders 表和 lineitem 表的情况，发现与用户 u0001 相关的记录已经一并删除。

【相关知识】

1. 创建触发器

使用 CREATE TRIGGER 命令创建触发器。

语法： CREATE TRIGGER trigger_name

　　　　　　　　BEFORE|AFTER trigger_event

　　　　　　　　ON table_name FOR EACH ROW trigger_body

其中，trigger_name 参数表示触发器名称，创建的触发器名称不能和在数据库中已有的触发器重名。

trigger_event 参数表示触发事件，即触发器执行的条件，包括 insert、update 和 delete 语句。

• insert 型触发器：插入某一行时激活触发器，可能通过 INSERT、LOAD DATA、REPLACE 语句触发；

• update 型触发器：更改某一行时激活触发器，可能通过 UPDATE 语句触发；

• delete 型触发器：删除某一行时激活触发器，可能通过 DELETE、REPLACE 语句触发。

BEFORE 和 AFTER 参数指定了触发器执行的时间，如果想先完成 insert、delete、update 操作再触发则使用 AFTER 选项，触发的语句晚于监视的增删改，无法影响之前的增删改动作。反之，如果想先完成触发再进行增删改，则使用 BEFORE 选项，触发的语句先于监视的增删改，则有机会对即将发生的行为做出判断。例如 petshop 对所下的订单进行判断，如果订购的数量大于库存数量，则认为是恶意订单，将所订购的数量强制修改为最大库存数。

　　由此可见，一共可以建立 6 种触发器，即：BEFORE INSERT、BEFORE UPDATE、BEFORE DELETE、AFTER INSERT、AFTER UPDATE、AFTER DELETE。另外不能同时在一个表上建立 2 个相同类型的触发器，因此在一个表上最多建立 6 个触发器。

　　table_name 参数表示触发事件操作表的名字。

　　FOR EACH ROW 参数表示只要任何一条记录上的操作满足触发事件都会触发该触发器。例如某人下单购买了 5 件商品，insert 了 5 次，则触发了 5 次触发器来修改库存。

　　trigger_body 参数表示激活触发器后被执行的语句，可以是一条 SQL 语句，或者是用 BEGIN 和 END 包含的多条语句。

2．new、old 关键字

　　在任务 1 中使用了 new 关键字，MySQL 中定义了 new 和 old 用来表示触发器所在的表中触发了触发器哪一行的数据。具体来说：

　　在 insert 型触发器中，new 用来表示将要(before)或已经(after)插入的新数据，即新增的行用 new.列名表示。例如创建一个触发器，实现当向 lineitem 表中插入一行数据时，根据订单号对 orders 表的订单总价进行修改，订单总价加上该商品明细的金额：

```
delimiter $$
create trigger ord_upd
    AFTER  INSERT
    on lineitem
    for each row
begin
    declare tp decimal(10,2);
    declare id int(11);
    select quantity * unitprice into tp from lineitem
        where orderid=NEW.orderid and itemid=NEW.itemid;
    select orderid into id from orders where orderid=NEW.orderid;
    if id>0 then
        update orders set totalprice = totalprice+tp
                where orderid = new.orderid;
        endif;
    end$$
    delimiter ;
```

在 update 型触发器中，old 用来表示将要或已经被修改的原数据，new 用来表示将要或者已经修改的新数据。即对于被修改的行，修改前的数据用 old 来表示，old.列名引用被修改前的行中的值；修改后的数据用 new 表示，new.列名引用被修改后的行中的值。例如创建一个触发器，实现当修改 product 表中商品的市价(listprice)时，触发器将修改 lineitem 表中对应商品的成本价格(unitprice)：

```
delimiter $$
create trigger item_upd
    AFTER UPDATE
    on product
    for each row
begin
    declare lp decimal(10,2);
    select listprice into lp from product
        where productid=OLD.productid;
    update lineitem set unitprice = lp
        where itemid = OLD.productid;
end$$
delimiter ;
```

在 delete 型触发器中，old 用来表示将要或者已经被删除的原数据，即用 old.列名就可以引用被删除的某一行。

另外，old 是只读的，而 new 则可以在触发器中使用 set 赋值，这样不会再次触发触发器，造成循环调用。

7.2　查看触发器

【任务 2】查看当前数据库中已存在的触发器。

任务代码如下：

```
show triggers \G;
```

【相关知识】

由于 MySQL 对于具有相同触发程序动作时间和时间的给定表，不能有两个触发器，所以一般在创建触发器之前都要查看数据库中是否已经存在该标识符的触发器和触发器相关的事件。一般可以通过下面方式来查看已经存在的触发器：

语法：SHOW TRIGGERS \G

7.3　在触发器中调用存储过程

【任务 3】假设在数据库 petshop 中有一个与 account 表结构完全一样的表 account_backup，创建一个触发器，在 account 表中添加数据的时候，调用存储过程，将 account_backup 表中的数据与 account 表同步。

任务代码如下：

(1) 创建存储过程，作用是创建一个和 aacount 表结构一致的表 account_backup。

```
delimiter $$
create procedure data_copy()
begin
    replace account_backup select * from account;
end$$
delimiter ;
```

(2) 创建触发器，即调用存储过程 data_copy()。

```
delimiter $$
create trigger account_syn
    after insert
    on account
    for each row
    CALL data_copy();
delimiter ;
```

(3) 验证触发器。

向 account 表中 insert 一行新记录，然后查看 account_backup 表，发现两者记录相同。当然本例中只完成了 insert 相关操作的同步，要实现真正意义上的同步，还需要补充 update、delete 相关的触发器，请读者进行补充。

7.4 触发器的应用

【任务 4】验证任务 1 创建的触发器 account_del。

任务分析：由于删除表 account 中某一用户信息时才会执行触发器 account_del 去删除 orders 表和 lineitem 表中的相关记录，因此可以进行如下操作：

```
delete from account where userid='u0001';
```

删除 account 表中某个用户的信息后，使用 select 命令去查看 orders 表和 lineitem 表的情况，此时发现与用户 u0001 相关的记录已经一并删除。

7.5 删除触发器

【任务 5】删除任务 3 创建的触发器 account_syn。

任务代码如下：

```
drop trigger account_syn;
```

【相关知识】

语法：DROP TRIGGER trigger_name

其中，trigger_name 参数是要删除的触发器名称。

技 能 训 练

以 MyBank 数据库为例：

1．创建一个触发器，其实现的功能是当删除表 customer 中某一个用户的信息时，同时将表 deposite 中与该用户有关的数据全部删除。

2．假设数据库中有一个与 customer 表结构完全一样的表 customer_bk，创建一个触发器，在表 customer 中添加数据的时候，调用存储过程，将表 customer_bk 中的数据与表 customer 同步。

单元 8 数据库管理

【任务描述】

通过前面章节的学习，读者们已经了解到数据库操作的基本知识，但数据库管理员在进行数据库管理的时候，还有大量的维护与优化工作需要进行。例如数据库及数据的备份、还原，远程登录进行管理，对数据库和表授予相应的管理权限及权限的回收等。如果该用户不再使用此数据库，还需要对其进行删除。

【学习目标】

(1) 熟练掌握数据库用户的添加的语法及用法；

(2) 熟练掌握数据库用户的授权与权限回收的语法及用法；

(3) 熟练掌握数据库和表的备份与恢复；

(4) 熟练掌握数据库日志的查询及日志类型；

(5) 熟练掌握数据库维护与优化的基本方法。

8.1　添加和删除用户

【任务 1】　管理员在 MySQL 中添加和删除用户。

任务分析：数据库管理员在创建用户并指定该用户在哪个主机上可以登录时，如果是本地用户可用"localhost"，如果想让该用户可以从任意远程主机登录，可将"localhast"改为"%"。

任务代码如下：

(1) 创建用户：

　　mysql> insert into mysql.user(Host，User，Password) values("localhost"，"wsg"，password("wsg6"));

这样就创建了一个名为 wsg、密码为 wsg6 的用户。其中，"localhost"指该用户只能在本地登录，不能在另外一台机器上远程登录。如果想远程登录的话，可将"localhost"改为"%"，表示在任何一台电脑上都可以登录。也可以指定某台机器可以远程登录。

(2) 刷新权限表：任务 1 中，创建好的 wsg 用户还不能进行登录，还需要刷新权限表才能登录到 MySQL 数据库中。代码如下：

　　FLUSH PRIVILEGES;

(3) 登录：

　　mysql>exit;

　　@>mysql　-u　wsg　-p

　　@>输入密码

　　mysql>登录成功

(4) 删除用户：

　　@>mysql -u root -p

　　@>密码

　　mysql>Delete FROM user Where User='wsg' and Host='localhost';

　　mysql>flush privileges;

　　mysql>drop database MyBank;　　//删除用户的数据库

删除账户及权限：>drop user 用户名@'%';

　　　　　　　　　>drop user 用户名@ localhost;

【相关知识】

(1) 用户管理：

　　mysql>use mysql;

(2) 查看：

　　mysql> **select** host，user，password from user ;

(3) 创建：

　　mysql> create user zx_root IDENTIFIED by 'xxxxx'; //identified by 会将纯文本密码

加密作为散列值存储

(4) 删除：

mysql>drop user newuser;　　//MySQL 5.0 之前的版本在删除用户时必须先使用 revoke 删除用户权限，然后删除用户，MySQL 5.0 之后使用 drop 命令可以在删除用户的同时删除用户的相关权限

(5) 更改密码：

    mysql> set password for zx_root =password('xxxxxx');

    mysql> update mysql.user set password=password('xxxx') where user='otheruser'

8.2　授予权限和回收权限

【任务 2】用户需要从 192.168.1.0/24 网段访问，对所有库和表有完全控制权限，并需要验证的密码，撤销 root 从本机访问的权限，然后恢复。

任务分析：该任务需要授予权限和回收权限。

任务代码如下：

(1) 授予用户可匿名查询 petshop 库里的所有表，代码如下：

    mysql> GRANT select，create ON petshop.* TO nopass@localhost;

    Query OK，　0 rows affected (0.04 sec)

    # mysql -u nopass　　　　　　//以用户 nopass 登入测试，不需要密码

    Welcome to the MySQL monitor. Commands end with ; or \g.

    mysql>

    用户 nopass 只能看到 petshop 库和系统库 information_schema，其他库(mysql 等)将不可见：

    mysql> SHOW DATABASES; //其他的数据库不可见

    | Database |

    | information_schema |

    | petshop |

    2 rows in set (0.15 sec)　　　　　//用户 nopass 可以列出 petshop 库中的所有表

    用户 nopass 可以使用 CREATE 语句：

    mysql>CREATE TABLE mytable(id int(4));//可以创建

    Query OK，　0 rows affected (0.10 sec)

(2) 验证 IDENTIFIED BY 访问密码。修改前一步中用户 nopass 从 localhost 访问的授权，设置密码为 123123：

    mysql> GRANT select，create ON petshop.* TO nopass@localhost

    -> IDENTIFIED BY '123123'; //设置密码为 123123

    Query OK，　0 rows affected (0.00 sec)

    重新以 nopass 用户登录 mysql> 环境，不提供密码时将被拒绝：

    # mysql -u nopass

    .ERROR 1045 (28000): Access denied for user 'nopass'@'localhost' (using password: NO)//不提供密

码将会被拒绝

只有正确提供密码 123123，才能够成功登入：

[root@dbsvr1 ~]# mysql -u nopass -p

Enter password: //输入密码 123123

Welcome to the MySQL monitor. Commands end with ; or \g.

(3) 查看指定用户的授权：

mysql> SHOW GRANTS FOR nopass@localhost;   //查看指定用户 nopass 的权限

| GRANT USAGE ON *.* TO 'nopass'@'localhost' IDENTIFIED BY PASSWORD '*E56A114692FE0DE073F9A1DD68A00EEB9703F3F1' |

| GRANT SELECT， UPDATE， CREATE ON 'petshop'.* TO 'nopass'@'localhost' |

mysql> SHOW GRANTS FOR root@localhost;   //查看 root 的权限

| Grants for root@localhost |

| GRANT USAGE ON *.* TO 'root'@'localhost' IDENTIFIED BY PASSWORD '*353C33BC20A4B4B2281F3DAAE901DBD0A5224E24' |

| GRANT SELECT， UPDATE ON 'petshop'.* TO 'root'@'localhost' WITH GRANT OPTION |

所有用户都可执行 SHOW GRANTS 来查看自己的权限。

mysql> SHOW GRANTS;

| Grants for root@localhost |

| GRANT ALL PRIVILEGES ON *.* TO 'root'@'localhost' IDENTIFIED BY PASSWORD '*6A7A490FB9DC8C33C2B025A91737077A7E9CC5E5' WITH GRANT OPTION |

| GRANT PROXY ON "@" TO 'root'@'localhost' WITH GRANT OPTION |

2 rows in set (0.00 sec)

mysql> SHOW GRANTS FOR nopass@localhost;

ERROR 1044 (42000): Access denied for user 'rooty'@'localhost' to database 'mysql'

//普通用户没有权限查看其他用户的权限

(4) 撤销指定用户的授权。撤销用户 nopass 对 petshop 库的所有权限：

mysql> SHOW GRANTS FOR nopass@localhost;

//撤销之前先查看都有哪些权限

mysql> REVOKE all ON petshop.* FROM nopass@localhost;

Query OK， 0 rows affected (0.04 sec)//撤销指定用户的权限

确认撤销结果，仍会保留用户 nopass，但对所有库仅有基本的 USAGE 权限：

mysql> SHOW GRANTS FOR nopass@localhost//确认撤销结果

GRANT USAGE ON *.* TO 'nopass'@'localhost' IDENTIFIED BY PASSWORD '*E56A114692FE0DE073F9A1DD68A00EEB9703F3F1' |

允许 root 从 192.168.1.0/24 访问，对所有库和表有完全权限，密码为 123456。

授权之前，从 192.168.1.0/24 网段的客户机访问时，将会被拒绝：

[root@host120 ~]# mysql -u root -p -h 192.168.1.10

Enter password: //输入正确的密码

ERROR 1130 (HY000): Host '192.168.1.120' is not allowed to connect to this MySQL server

授权操作，此处可设置与从 localhost 访问时不同的密码：

mysql> GRANT all ON *.* TO root@'192.168.1.%' IDENTIFIED BY '123456';

Query OK,　0 rows affected (0.00 sec)

再次从 192.168.1.0/24 网段的客户机访问时，输入正确的密码后可登入：

[root@host120 ~]# mysql -u root -p -h 192.168.1.10

Enter password:

Welcome to the MySQL monitor. Commands end with ; or \g.

Your MySQL connection id is 8

Server version: 5.6.15 MySQL Community Server (GPL)

Copyright (c) 2000,　2013,　Oracle and/or its affiliates. All rights reserved.

Oracle is a registered trademark of Oracle Corporation and/or its

.affiliates. Other names may be trademarks of their respective

owners.

Type 'help;' or '\h' for help. Type '\c' to clear the current input statement.

mysql>

(5) 建立一个管理账号 wsg，对所有库完全控制，并赋予其授权的权限。新建账号并授权：

mysql> GRANT all ON *.* TO wsg@localhost

.-> IDENTIFIED BY '1234567'

-> WITH GRANT OPTION;

Query OK,　0 rows affected (0.00 sec)

查看 wsg 的权限：

mysql> SHOW GRANTS FOR wsg@localhost;

| Grants for wsg@localhost |

.| GRANT ALL PRIVILEGES ON *.* TO 'wsg'@'localhost' IDENTIFIED BY PASSWORD '*6A7A490FB9DC8C33C2B025A91737077A7E9CC5E5' WITH GRANT OPTION |

1 row in set (0.00 sec)

(6) 撤销 root 从本机访问的权限，然后恢复。撤销 root 对数据库的操作权限：

mysql> REVOKE all ON *.* FROM root@localhost;

Query OK,　0 rows affected (0.00 sec)

mysql> SHOW GRANTS FOR root@localhost;

| Grants for root@localhost |

| GRANT USAGE ON *.* TO 'root'@'localhost' IDENTIFIED BY PASSWORD '*6A7A490FB9DC8C33C2B025A91737077A7E9CC5E5' WITH GRANT OPTION |

| GRANT PROXY ON "@" TO 'root'@'localhost' WITH GRANT OPTION |

2 rows in set (0.00 sec)

验证撤销后的权限效果：

mysql> exit //退出当前 MySQL 连接

Bye

```
[root@dbsvr1 ~]# mysql -u root -p                //重新以 root 从本地登入
Enter password:
Welcome to the MySQL monitor. Commands end with ; or \g.
Your MySQL connection id is 6
Server version: 5.6.15 MySQL Community Server (GPL)
Copyright (c) 2000，  2013，  Oracle and/or its affiliates. All rights reserved.
Oracle is a registered trademark of Oracle Corporation and/or its
affiliates. Other names may be trademarks of their respective
owners.
Type 'help;' or '\h' for help. Type '\c' to clear the current input statement.
mysql> CREATE DATABASE newdb2014;   //尝试新建库失败
ERROR 1044 (42000): Access denied for user 'root'@'localhost' to database 'newdb2014'
mysql> DROP DATABASE rootdb;            //尝试删除库失败
ERROR 1044 (42000): Access denied for user 'root'@'localhost' to database 'rootdb'
```

尝试以当前的 root 用户恢复权限，也会失败（无权更新授权表）：

```
mysql> GRANT all ON *.* TO root@localhost IDENTIFIED BY '1234567';
ERROR 1045 (28000): Access denied for user 'root'@'localhost' (using password: YES)
```

解决方法：退出当前 MySQL 连接，以上一步添加的管理账号 wsg 登入：

```
mysql> exit                                  //退出当前 MySQL 连接
Bye
[root@dbsvr1 ~]# mysql -u wsg -p              //以另一个管理账号登入
.Enter password:
Welcome to the MySQL monitor. Commands end with ; or \g.
Your MySQL connection id is 7
Server version: 5.6.15 MySQL Community Server (GPL)
Copyright (c) 2000，  2013，  Oracle and/or its affiliates. All rights reserved.
Oracle is a registered trademark of Oracle Corporation and/or its
affiliates. Other names may be trademarks of their respective
.owners.
.Type 'help;' or '\h' for help. Type '\c' to clear the current input statement.
```

由管理账号 wsg 重新为 root 添加本地访问权限：

```
mysql> GRANT all ON *.* TO root@localhost IDENTIFIED BY '1234567';
Query OK,   0 rows affected (0.00 sec)
mysql> SHOW GRANTS FOR root@localhost;      //查看恢复结果
| Grants for root@localhost |
.| GRANT ALL PRIVILEGES ON *.* TO 'root'@'localhost' IDENTIFIED BY PASSWORD
'*6A7A490FB9DC8C33C2B025A91737077A7E9CC5E5' WITH GRANT OPTION |
| GRANT PROXY ON ''@'' TO 'root'@'localhost' WITH GRANT OPTION |
2 rows in set (0.00 sec)
```

退出，再重新以 root 登入，测试，权限恢复：

　　mysql> exit //退出当前 MySQL 连接

　　Bye

　　[root@dbsvr1 ~]# mysql -u root -p //重新以 root 登入

　　Enter password:

　　Welcome to the MySQL monitor. Commands end with ; or \g.

　　Your MySQL connection id is 8

　　Server version: 5.6.15 MySQL Community Server (GPL)

　　Copyright (c) 2000，　2013，　Oracle and/or its affiliates. All rights reserved.

　　.Oracle is a registered trademark of Oracle Corporation and/or its

　　.affiliates. Other names may be trademarks of their respective

　　owners.

　　Type 'help;' or '\h' for help. Type '\c' to clear the current input statement.

　　.mysql> CREATE DATABASE newdb2014; //成功创建新库

　　Query OK，　1 row affected (0.00 sec)

【相关知识】

认识 GRANT 授权指令的用法。

语法格式：

　　mysql> GRANT 权限列表 ON 库名.表名　TO '用户名'@'客户端地址' [IDENTIFIED BY '密码']

[WITH GRANT OPTION];

　　mysql> update pet set sex='f' where name= "Whistler";

8.3　数据的备份与恢复

【任务 3】对数据进行备份与恢复。

　　任务分析：为了避免数据丢失对业务中断产生影响，需要数据库管理员及时对数据库以及表进行备份和恢复工作。

　　任务代码如下：

(1) 使用 root 用户备份 petshop 数据库下的 product 表：

　　C:\>mysqldump -u root -p petshop product > c:product.sql

　　Enter password: ******

以下为备份后生成的脚本文件：

　　-- MySQL dump 10.13

　　--

　　-- Host: localhost　　　Database: petshop

　　-- Server version 6.0.4-alpha-community-log

　　/*!40101 SET @OLD_CHARACTER_SET_CLIENT=@@CHARACTER_SET_CLIENT */;

　　/*!40101 SET @OLD_CHARACTER_SET_RESULTS=@@CHARACTER_SET_RESULTS */;

```
/*!40101 SET @OLD_COLLATION_CONNECTION=@@COLLATION_CONNECTION */;
/*!40101 SET NAMES utf8 */;
/*!40103 SET @OLD_TIME_ZONE=@@TIME_ZONE */;
/*!40103 SET TIME_ZONE='+00:00' */;
/*!40014 SET @OLD_UNIQUE_CHECKS=@@UNIQUE_CHECKS, UNIQUE_CHECKS=0 */;
/*!40014  SET  @OLD_FOREIGN_KEY_CHECKS=@@FOREIGN_KEY_CHECKS,  FOREIGN_
KEY_CHECKS=0 */;
/*!40101  SET  @OLD_SQL_MODE=@@SQL_MODE,  SQL_MODE= 'NO_AUTO_VALUE_ON_
ZERO' */;
/*!40111 SET @OLD_SQL_NOTES=@@SQL_NOTES, SQL_NOTES=0 */;
-- Table structure for table 'product'
DROP TABLE IF EXISTS 'product';
SET @saved_cs_client      = @@character_set_client;
SET character_set_client = utf8;
CREATE TABLE 'product' (
   'productid' char(10) NOT NULL,
   'catid' char(10) NOT NULL,
   'name' varchar(30) DEFAULT NULL,
   'descn' text,
   'listprice' decimal(10,2) DEFAULT NULL,
   'unitcost' decimal(10,2) DEFAULT NULL,
   'qty' int(11) NOT NULL,
   PRIMARY KEY (`productid`))
 ENGINE=MyISAM DEFAULT CHARSET=utf8;
SET character_set_client = @saved_cs_client;
-- Dumping data for table 'product'
LOCK TABLES 'product' WRITE;
/*!40000 ALTER TABLE 'product' DISABLE KEYS */;
INSERT INTO 'product' VALUES
('av-cb-01','05','亚马逊鹦鹉','75 岁以上高龄的好伙伴',50.00,60.00,100),
('av-sb-02','05','燕雀','非常好的减压宠物',45.00,50.00,98),
('fi-fw-01','01','锦鲤','来自日本的淡水鱼',45.50,45.50,300),
('fi-fw-02','01','金鱼','来自中国的淡水鱼',6.80,6.80,100),
('fi-sw-01','01','天使鱼','来自澳大利亚的海水鱼',10.00,10.00,100),
('fi-sw-02','01','虎鲨','来自澳大利亚的海水鱼',18.50,20.00,200),
('fl-dlh-02','04','波斯猫','友好的家居猫',1000.00,1200.00,15),
('fl-dsh-01','04','马恩岛猫','灭鼠能手',80.00,100.00,40),
('k9-bd-01','02','牛头犬','来自英格兰的友好的狗',1350.00,1500.00,5),
('k9-cw-01','02','吉娃娃犬','很好的陪伴狗',180.00,200.00,120),
```

('k9-dl-01','02','斑点狗','来自消防队的大狗',3000.00,3000.00,1),

('k9-po-02','02','狮子犬','来自法国可爱的狗',300.00,300.00,200),

('rp-li-02','03','鼠蹊','友好的绿色朋友',60.00,78.00,40),

('rp-sn-01','03','响尾蛇','兼当看门狗',200.00,240.00,10);

/*!40000 ALTER TABLE 'product' ENABLE KEYS */;

UNLOCK TABLES;

/*!40103 SET TIME_ZONE=@OLD_TIME_ZONE */;

/*!40101 SET SQL_MODE=@OLD_SQL_MODE */;

/*!40014 SET FOREIGN_KEY_CHECKS=@OLD_FOREIGN_KEY_CHECKS */;

/*!40014 SET UNIQUE_CHECKS=@OLD_UNIQUE_CHECKS */;

/*!40101 SET CHARACTER_SET_CLIENT=@OLD_CHARACTER_SET_CLIENT */;

/*!40101 SET CHARACTER_SET_RESULTS=@OLD_CHARACTER_SET_RESULTS */;

/*!40101 SET COLLATION_CONNECTION=@OLD_COLLATION_CONNECTION */;

/*!40111 SET SQL_NOTES=@OLD_SQL_NOTES */;

-- Dump completed on 2017-02-27　6:57:10

(2) 数据还原：

　　mysql -u root -p < C:\product.sql

还原直接复制目录的备份。通过这种方式还原时，必须保证两个 MySQL 数据库的版本号是相同的。需要注意的是，MyISAM 类型的表有效，对于 InnoDB 类型的表不可用，因为 InnoDB 表的表空间不能直接复制。

【相关知识】

还原使用 mysqldump 命令备份的数据库的语法如下：

　　mysql -u root -p [dbname] < backup.sql

8.4　MySQL 日志操作

【任务 4】掌握 MySQL 日志的基本操作。

　　任务分析：日志文件对于一个服务器来说是非常重要的，它记录着服务器的运行信息，许多操作都会写入到日志文件，通过日志文件可以监视服务器的运行状态及查看服务器的性能，还能对服务器进行排错与故障处理。

　　任务代码如下：

(1) 查看日志环境变量：

　　show global variables like '%log%';

(2) 查看错误日志：

　　show global variables like 'log_error';

(3) 启用通用查询日志，配置 general_log=ON：

　　set global general_log=1;

(4) 查看日志存放位置：

mysql> show global variables like 'general_log_file';

【相关知识】

MySQL 日志有如下几种类型：

(1) 错误日志：记录启动、运行或停止时出现的问题，一般也会记录警告信息。

(2) 一般查询日志：记录建立的客户端连接和执行的语句。

(3) 慢查询日志：记录所有执行时间超过 long_query_time 秒的所有查询或不使用索引的查询，可以帮用户定位服务器性能问题。

(4) 二进制日志：记录任何引起或可能引起数据库变化的操作，主要用于复制和即时点恢复。

(5) 中继日志：从主服务器的二进制日志文件中复制而来的事件，并保存为日志文件。

(6) 事务日志：记录 InnoDB 等支持事务的存储引擎执行事务时产生的日志。

8.5　数据库的维护与优化

【任务 5】使用 MySQL 工具进行数据库维护与优化。

任务分析：当 MySQL 操作变得很慢时，应当对数据库进行维护和优化。配置相应参数，MySQL 会自己记录下来变慢的 SQL 语句。

任务代码如下：

(1) set global long_query_time =2;

该语句可以在慢日志中找到执行时间超过 2 秒的语句，然后根据这个文件定位问题。

(2) explain 的使用。explain 能够分析 SQL 的执行效率，但是并不执行 SQL 语句，主要是查看 SQL 语句是否用到索引。使用索引时的 explain 语句如下：

```
mysql> EXPLAIN SELECT * FROM petshop. 'product' WHERE petshop. 'product'. 'productid'=
'05'\G
*************************** 1. row ***************************
             id: 1
    select_type: SIMPLE
          table: NULL
           type: NULL
  possible_keys: NULL
            key: NULL
        key_len: NULL
            ref: NULL
           rows: NULL
          Extra: Impossible WHERE noticed after reading const tables
1 row in set (0.00 sec)
```

未使用索引时的 explain 语句如下：

```
mysql> EXPLAIN SELECT * FROM petshop. 'product' WHERE petshop. 'product'. 'productid'='金鱼
```

'\G

```
*************************** 1. row ***************************
           id: 1
  select_type: SIMPLE
        table: NULL
         type: NULL
possible_keys: NULL
          key: NULL
      key_len: NULL
          ref: NULL
         rows: NULL
        Extra: Impossible WHERE noticed after reading const tables
1 row in set, 1 warning (0.00 sec)
```

技 能 训 练

请根据单元 2 技能训练中创建的 **MyBank** 数据库按照以下要求完成练习：

1. 改变 root 用户的密码。
2. 建立并授权以自己姓名为用户名的数据库用户。
3. 将数据库备份到 D 盘根目录下。
4. 实现数据库的定期备份。

附录   MySQL 数据库考试真题

一、单项选择题

1. 以下聚合函数求数据总和的是(   )

A. MAX   B. SUM   C. COUNT   D. AVG

2. 可以用(   )来声明游标

A. CREATE CURSOR   B. ALTER CURSOR

C. SET CURSOR   D. DECLARE CURSOR

3. SELECT 语句的完整语法较复杂，但至少包括的部分是(   )

A. 仅 SELECT   B. SELECT，FROM

C. SELECT，GROUP   D. SELECT，INTO

4. SQL 语句中的条件用以下哪一项来表达(   )

A. THEN   B. WHILE   C. WHERE   D. IF

5. 使用 CREATE TABLE 语句的(   )子句，在创建基本表时可以启用全文本搜索

A. FULLTEXT   B. ENGINE   C. FROM   D. WHRER

6. 以下能够删除一列的是(   )

A. alter table emp remove addcolumn   B. alter table emp drop column addcolumn

C. alter table emp delete column addcolumn   D. alter table emp delete addcolumn

7. 若要撤销数据库中已经存在的表 S，可用(   )

A. DELETE TABLE S   B. DELETE S

C. DROP S   D. DROP TABLE S

8. 查找表结构用以下哪一项(   )

A. FIND   B. SELETE   C. ALTER   D. DESC

9. 要得到最后一句 SELECT 查询到的总行数，可以使用的函数是(   )

A. FOUND_ROWS   B. LAST_ROWS

C. ROW_COUNT   D. LAST_INSERT_ID

10. 在视图上不能完成的操作是(   )

A. 查询   B. 在视图上定义新的视图

C. 更新视图   D. 在视图上定义新的表

11. UNIQUE 唯一索引的作用是(   )

A. 保证各行在该索引上的值都不得重复

B. 保证各行在该索引上的值不得为 NULL

C. 保证参加唯一索引的各列，不得再参加其他的索引

D. 保证唯一索引不能被删除

12. 用于将事务处理写到数据库的命令是(　　)

A. insert　　　　　　B. rollback　　　　C. commit　　　　D. savepoint

13. 查找条件为：姓名不是 NULL 的记录(　　)

A. WHERE NAME ! NULL　　　　　　　B. WHERE NAME NOT NULL

C. WHERE NAME IS NOT NULL　　　　D. WHERE NAME!=NULL

14. 主键的建立有(　　)种方法

A. 一　　　　　　　B. 四　　　　　　　C. 二　　　　　　　D. 三

15. 在视图上不能完成的操作是(　　)

A. 更新视图数据　　　　　　　　　　B. 在视图上定义新的基本表

C. 在视图上定义新的视图　　　　　　D. 查询

16. 在 SQL 语言中，子查询是(　　)

A. 选取单表中字段子集的查询语句

B. 选取多表中字段子集的查询语句

C. 返回单表中数据子集的查询语言

D. 嵌入到另一个查询语句之中的查询语句

17. 向数据表中插入一条记录用以下哪一项(　　)

A. CREATE　　　　　B. INSERT　　　　C. SAVE　　　　　D. UPDATE

18. 在 select 语句的 where 子句中，使用正则表达式过滤数据的关键字是(　　)

A. like　　　　　　　B. against　　　　C. match　　　　　D. regexp

19. SQL 语言的数据操纵语句包括 SELECT、INSERT、UPDATE、DELETE 等。其中最重要的，也是使用最频繁的语句是(　　)。

A. UPDATE　　　　　B. SELECT　　　　C. DELETE　　　　D. INSERT

20. 以下哪种操作能够实现实体完整性(　　)

A. 设置唯一键　　　　B. 设置外键　　　C. 减少数据冗余　　D. 设置主键

21. SQL 语言中，删除一个视图的命令是(　　)

A. REMOVE　　　　　B. CLEAR　　　　　C. DELETE　　　　D. DROP

22. 修改数据库表结构用以下哪一项(　　)

A. UPDATE　　　　　B. CREATE　　　　C. UPDATED　　　D. ALTER

23. 在全文本搜索的函数中，用于指定被搜索的列的是(　　)

A. MATCH( )　　　　B. AGAINST( )　　　C. FULLTEXT( )　　D. REGEXP( )

24. 以下语句错误的是(　　)

A. select sal+1 from emp;　　　　　　B. select sal*10,sal*deptno from emp;

C. 不能使用运算符号　　　　　　　　D. select sal*10,deptno*10 from emp;

25. 下列(　　)不属于连接种类

A. 左外连接　　　　　B. 内连接　　　　C. 中间连接　　　D. 交叉连接

26. 若用如下的 SQL 语句创建了一个表 SC：(　　)

CREATE TABLE SC (S# CHAR(6) NOT NULL，C# CHAR(3) NOT NULL, SCORE INTEGER，NOTE CHAR(20));

向 SC 表插入如下行时，(　　　)行可以被插入

A．(NULL，'103'，80，'选修')　　　B．('200823'，'101'，NULL，NULL)

C．('201132'，NULL，86，' ')　　　D．('201009'，'111'，60，必修)

27．删除用户账号命令是(　　　)

A．DROP USER　　　　　　　　B．DROP TABLE USER

C．DELETE USER　　　　　　　D．DELETE FROM USER

28．以下语句错误的是(　　　)

A．alter table emp delete column addcolumn;

B．alter table emp modify column addcolumn char(10);

C．alter table emp change addcolumn　addcolumn int;

D．alter table emp add column addcolumn int;

29．组合多条 SQL 查询语句形成组合查询的操作符是(　　　)

A．SELECT　　　　　B．ALL　　　　C．LINK　　　　D．UNION

30．创建数据库使用以下哪项(　　　)

A．create mytest　　　　　　　　B．create table mytest

C．database mytest　　　　　　　D．create database mytest

31．以下哪项用来分组(　　　)

A．ORDER BY　　　　　　　　　B．ORDERED BY

C．GROUP BY　　　　　　　　　D．GROUPED BY

32．SQL 是一种(　　　)语言

A．函数型　　　　　B．高级算法　　　C．关系数据库　　　D．人工智能

33．删除数据表用以下哪一项(　　　)

A．DROP　　　　　B．UPDATE　　　C．DELETE　　　D．DELETED

34．若要在基本表 S 中增加一列 CN(课程名)，可用(　　　)

A．ADD TABLE S ALTER(CN CHAR(8))

B．ALTER TABLE S ADD(CN CHAR(8))

C．ADD TABLE S(CN CHAR(8))

D．ALTER TABLE S (ADD CN CHAR(8))

35．下列的 SQL 语句中，(　　　)不是数据定义语句

A．CREATE TABLE　　　　　　　B．GRANT

C．CREATE VIEW　　　　　　　　D．DROP VIEW

36．以下删除记录正确的是(　　　)

A．delete from emp where name='dony';　　B．Delete * from emp where name='dony';

C．Drop from emp where name='dony';　　D．Drop * from emp where name='dony';

37．删除经销商 1018 的数据记录的代码为(　　　) from distributors where distri_num=1018

A．drop table　　　　B．delete *　　　C．drop column　　　D．delete

38．以下按照姓名降序排列的是(　　　)

A．ORDER BY DESC NAME　　　　B．ORDER BY NAME DESC

C. ORDER BY NAME ASC   D. ORDER BY ASC NAME

39. 可以在创建表时用(　　)来创建唯一索引，也可以用(　　)来创建唯一索引

A. Create table，Create index   B. 设置主键约束，设置唯一约束

C. 设置主键约束，Create index   D. 以上都可以

40. 在 SELECT 语句中，使用关键字(　　)可以把重复行屏蔽

A. TOP   B. ALL   C. UNION   D. DISTINCT

41. 以下聚合函数求平均数的是(　　)

A. COUNT   B. MAX   C. AVG   D. SUM

42. 返回当前日期的函数是(　　)

A. curtime( )   B. adddate( )   C. curnow( )   D. curdate( )

43. 用来插入数据的命令是(　　)，用于更新的命令是(　　)

A. INSERT，UPDATE   B. CREATE，INSERT INTO

C. DELETE，UPDATE   D. UPDATE，INSERT

44. SELECT COUNT(SAL) FROM EMP GROUP BY DEPTNO;意思是(　　)

A. 求每个部门中的工资   B. 求每个部门中工资的大小

C. 求每个部门中工资的综合   D. 求每个部门中工资的个数

45. 以下表达降序排序的是(　　)

A. ASC   B. ESC   C. DESC   D. DSC

46. 以下哪项不属于数据模型(　　)

A. 关系模型   B. 网状模型   C. 层次模型   D. 网络模型

47. 有三个表，它们的记录行数分别是 10 行、2 行和 6 行，三个表进行交叉连接后，结果集中共有(　　)行数据

A. 18   B. 26   C. 不确定   D. 120

48. 从 GROUP BY 分组的结果集中再次用条件表达式进行筛选的子句是(　　)

A. FROM   B. ORDER BY   C. HAVING   D. WHERE

49. 为数据表创建索引的目的是(　　)

A. 提高查询的检索性能   B. 归类

C. 创建唯一索引   D. 创建主键

50. 如果要回滚一个事务，则要使用(　　)语句

A. commit transaction   B. begin   transaction

C. revoke   D. rollback   transaction

51. 查找数据表中的记录用以下哪一项(　　)

A. ALTRE   B. UPDATE   C. SELECT   D. DELETE

52. 在 MySQL 中，建立数据库用(　　)

A. CREATE TABLE 命令   B. CREATE TRIGGER 命令

C. CREATE INDEX 命令   D. CREATE DATABASE 命令

53. MySQL 中，预设的、拥有最高权限超级用户的用户名为(　　)

A. test   B. Administrator   C. DA   D. root

54. 以下插入记录正确的是(　　)

A. insert into emp(ename,hiredate,sal) values (value1,value2,value3);

B. insert into emp (ename,sal)values(value1,value2,value3);

C. insert into emp (ename)values(value1,value2,value3);

D. insert into emp (ename,hiredate,sal)values(value1,value2);

55. 在 SQL 语言中的视图 VIEW 是数据库的(　　)

A. 外模式 　　　　B. 存储模式 　　　　C. 模式 　　　　D. 内模式

56. 以下哪项用来排序(　　)

A. ORDERED BY

B. ORDER BY

C. GROUP BY

D. GROUPED BY

57. 以下聚合函数求个数的是(　　)

A. AVG 　　　　B. SUM 　　　　C. MAX 　　　　D. COUNT

58. 在 select 语句中，实现选择操作的子句是(　　)

A. select 　　　　B. group by 　　　　C. where 　　　　D. from

59. 查找数据库中所有的数据表用以下哪一项(　　)

A. SHOW DATABASE

B. SHOW TABLES

C. SHOW DATABASES

D. SHOW TABLE

60. 触发器不是响应以下哪一语句而自动执行的 MySQL 语句(　　)

A. select

B. insert

C. delete

D. update

61. (　　)表示一个新的事务处理块的开始

A. START TRANSACTION

B. BEGIN TRANSACTION

C. BEGIN COMMIT

D. START COMMIT

62. 以下语句不正确的是(　　)

A. select * from emp;

B. select ename,hiredate,sal from emp;

C. select * from emp order deptno;

D. select * from where deptno=1 and sal<300;

63. delete from employee 语句的作用是(　　)

A. 删除当前数据库中整个 employee 表，包括表结构

B. 删除当前数据库中 employee 表内的所有行

C. 由于没有 where 子句，因此不删除任何数据

D. 删除当前数据库中 employee 表内的当前行

64. 以下按照班级进行分组的是(　　)

A. ORDER BY CLASSES

B. DORDER CLASSES

C. GROUP BY CLASSES

D. GROUP CLASSES

65. 格式化日期的函数是(　　)

A. DATEDIFF( )

B. DATE_FORMAT( )

C. DAY( )

D. CURDATE( )

66. 例如数据库中有 A 表，包括学生、学科、成绩、序号四个字段，数据库结构为

学 生	学 科	成 绩	序 号
张三	语文	60	1
张三	数学	100	2
李四	语文	70	3
李四	数学	80	4
李四	英语	80	5

上述哪一列可作为主键列(   )

A. 序号　　　　B. 成绩　　　　　　C. 学科　　　　　　　D. 学生

67. 学生关系模式 S(S#，Sname，Sex，Age)，S 的属性分别表示学生的学号、姓名、性别、年龄。要在表 S 中删除一个属性"年龄"，可选用的 SQL 语句是(   )

A. UPDATE S Age　　　　　　　　B. DELETE Age from S

C. ALTER TABLE S 'Age'　　　　　D. ALTER TABLE S DROP Age

68. 以下哪项用于左连接(   )

A. JOIN　　　　B. RIGHT JOIN　　　C. LEFT JOIN　　　D. INNER JOIN

69. 一张表的主键个数为(   )

A. 至多 3 个　　B. 没有限制　　　C. 至多 1 个　　　D. 至多 2 个

70. SQL 语言是(   )的语言，轻易学习

A. 导航式　　　B. 过程化　　　　C. 格式化　　　　D. 非过程化

71. 在正则表达式中，匹配任意一个字符的符号是(   )

A. .　　　　　B. *　　　　　　C. ?　　　　　　　D. -

72. 条件"BETWEEN 20 AND 30"表示年龄在 20 到 30 之间，且(   )

A. 包括 20 岁不包括 30 岁　　　B. 不包括 20 岁包括 30 岁

C. 不包括 20 岁和 30 岁　　　　D. 包括 20 岁和 30 岁

73. 以下表示可变长度字符串的数据类型是(   )

A. TEXT　　　　B. CHAR　　　　C. VARCHAR　　　D. EMUM

74. 以下说法错误的是(   )

A. SELECT max(sal),deptno,job FROM EMP group by sal;

B. SELECT max(sal),deptno,job FROM EMP group by deptno;

C. SELECT max(sal),deptno,job FROM EMP;

D. SELECT max(sal),deptno,job FROM EMP group by job;

75. 以下匹配'1 ton'和'2 ton'及'3 ton'的正则表达式是(   )

A. '123 ton'　　B. '1,2,3 ton'　　C. '[123] ton'　　　D. '1|2|3 ton'

76. 拼接字段的函数是(   )

A. SUBSTRING( )　　B. TRIM( )　　C. SUM( )　　　D. CONCAT( )

77. 以下删除表正确的是(   )

A. Delete * from emp　　　　　B. Drop database emp

C. Drop * from emp　　　　　　D. delete database emp

78. 下列说法错误的是(   )

A. GROUP BY 子句用来分组 WHERE 子句的输出

B. WHERE 子句用来筛选 FROM 子句中指定的操作所产生的行

C. 聚合函数需要和 group by 一起使用

D. HAVING 子句用来从 FROM 的结果中筛选行

79. 条件年龄 BETWEEN 15 AND 35 表示年龄在 15 至 35 之间，且(   )

A. 不包括 15 岁和 35 岁　　　　B. 包括 15 岁但不包括 35 岁

C. 包括 15 岁和 35 岁　　　　　D. 包括 35 岁但不包括 15 岁

80. 创建视图的命令是(   )

A. alter view　　B. alter table　　C. create table　　D. create view

81. 存储过程是一组预先定义并(   )的 Transact-SQL 语句

A. 保存　　　　B. 编写　　　　C. 编译　　　　D. 解释

82. 返回字符串长度的函数是(   )

A. len( )　　　　B. length( )　　　　C. left( )　　　　D. long( )

83. 从数据表中查找记录用以下哪一项(   )

A. UPDATE　　B. FIND　　C. SELECT　　D. CREATE

84. SQL 语言集数据查询、数据操纵、数据定义和数据控制功能于一体,其中,CREATE、DROP、ALTER 语句是实现哪种功能(   )

A. 数据操纵　　B. 数据控制　　C. 数据定义　　D. 数据查询

85. 以下哪项不属于 DML 操作(   )

A. insert　　　　B. update　　　　C. delete　　　　D. create

86. 以下按照姓名升序排列的是(   )

A. ORDER BY NAME ASC　　　　B. ORDER BY ASC NAME

C. ORDER BY NAME DESC　　　　D. ORDER BY DESC NAME

87. 有关系 S(S#，SNAME，SAGE), C(C#，CNAME), SC(S#，C#，GRADE)。其中 S#是学生号, SNAME 是学生姓名, SAGE 是学生年龄,　C#是课程号, CNAME 是课程名称。要查询选修"ACCESS"课的年龄不小于 20 的全体学生姓名的 SQL 语句是 SELECT SNAME FROM S，C，SC WHERE 子句。这里的 WHERE 子句的内容是(   )

A. SAGE>=20 and CNAME='ACCESS'

B. S.S# = SC.S# and C.C# = SC.C# and SAGE in>=20 and CNAME in 'ACCESS'

C. SAGE in>=20 and CNAME in 'ACCESS'

D. S.S# = SC.S# and C.C# = SC.C# and SAGE>=20 and CNAME='ACCESS'

88. 以下哪项属于 DDL 操作(   )

A. update　　　　B. create　　　　C. insert　　　　D. delete

89. 查找条件为：姓名为 NULL 的记录(   )

A. WHERE NAME NULL　　　　B. \WHERE NAME IS NULL

C. WHERE NAME=NULL　　　　D. \WHERE NAME ==NULL

90. 条件 "IN(20,30,40)" 表示(   )

A. 年龄在 20 到 40 之间　　　　B. 年龄在 20 到 30 之间

C. 年龄是 20 或 30 或 40　　　　D. 年龄在 30 到 40 之间

91. 正则表达的转义符是(　　)

A. \\　　　　　　B. \　　　　　　C. ;　　　　　　D. $$

92. 更新数据表中的记录用以下哪一项(　　)

A. DELETE　　B. ALTRE　　C. UPDATE　　D. SELECT

93. 关系数据库中, 主键是(　　)

A. 创建唯一的索引, 允许空值　　　　B. 只允许以表中第一字段建立

C. 允许有多个的　　　　　　　　　　D. 为标识表中唯一的实体

94. 使用 SELECT 语句随机地从表中挑出指定数量的行, 可以使用的方法是(　　)

A. 在 LIMIT 子句中使用 RAND( )函数指定行数, 并用 ORDER BY 子句定义一个排序规则

B. 只要使用 LIMIT 子句定义指定的行数即可, 不使用 ORDER BY 子句

C. 只要在 ORDER BY 子句中使用 RAND( )函数, 不使用 LIMIT 子句

D. 在 ORDER BY 子句中使用 RAND( )函数, 并用 LIMIT 子句定义行数

95. 进入要操作的数据库 TEST 用以下哪一项(　　)

A. IN TEST　　B. SHOW TEST　　C. USER TEST　　D. USE TEST

96. 例如数据库中有 A 表, 包括学生、学科、成绩三个字段, 数据库结构为

学　生	学　科	成　绩
张三	语文	80
张三	数学	100
李四	语文	70
李四	数学	80
李四	英语	80

如何统计每个学科的最高分(　　)

A. select 学生,max(成绩) from A group by 学生;

B. select 学生,max(成绩) from A group by 学科;

C. select 学生,max(成绩) from A order by 学生;

D. select 学生,max(成绩) from A group by 成绩;

97. 下列哪些语句对主键的说明正确(　　)

A. 主键可重复　　　　　　　　　　B. 主键不唯一

C. 在数据表中的唯一索引　　　　　D. 主键用 foreign key 修饰

98. 关于数据库服务器、数据库和表的关系, 说法正确的是(　　)

A. 一个数据库服务器只能管理一个数据库, 一个数据库只能包含一个表

B. 一个数据库服务器可以管理多个数据库, 一个数据库可以包含多个表

C. 一个数据库服务器只能管理一个数据库, 一个数据库可以包含多个表

D. 一个数据库服务器可以管理多个数据库, 一个数据库只能包含一个表

99. 例如数据库中有 A 表, 包括学生、学科、成绩三个字段, 数据库结构为

学　生	学　科	成　绩
张三	语文	60
张三	数学	100
李四	语文	70
李四	数学	80
李四	英语	80

如何统计最高分>80 的学科(　　　)

A．SELECT MAX(成绩)　FROM A GROUP BY 学科　HAVING MAX(成绩)>80;

B．SELECT 学科　FROM A GROUP BY 学科　HAVING 成绩>80;

C．SELECT 学科　FROM A GROUP BY 学科　HAVING MAX(成绩)>80;

D．SELECT 学科　FROM A GROUP BY 学科　WHERE MAX(成绩)>80;

100．以下统计每个部门中人数的是(　　　)

A．SELECT SUM(ID) FROM EMP GROUP BY DEPTNO;

B．SELECT SUM(ID) FROM EMP ORDER BY DEPTNO;

C．SELECT COUNT(ID) FROM EMP ORDER BY DEPTNO;

D．SELECT COUNT(ID) FROM EMP GROUP BY DEPTNO;

101．DECIMAL 是(　　　)数据类型

A．可变精度浮点值   B．整数值

C．双精度浮点值   D．单精度浮点值

102．视图是一种常用的数据对象，它是提供(　　　)和(　　　)数据的另一种途径，可以简化数据库操作

A．插入，更新   B．查看，检索

C．查看，存放   D．检索，插入

103．删除数据表中的一条记录用以下哪一项(　　　)

A．DELETED   B．DELETE

C．DROP   D．UPDATE

二、多项选择题

1．触发器是响应以下任意语句而自动执行的一条或一组 MYSQL 语句(　　　)

A．UPDATE   B．INSERT   C．SELECT   D．DELETE

2．对于删除操作以下说法正确的是(　　　)

A．drop database 数据库名；删除数据库

B．delete from 表名；　删除表中所有记录条

C．delete from 表名 where 字段名=值；删除符合条件的记录条

D．drop table 表名；删除表

3．下面说法正确的是(　　　)

A．关键字只能由单个的属性组成

B．在一个关系中，关键字的值不能为空

C．一个关系中的所有候选关键字均可以被指定为主关键字

D．关键字是关系中能够用来唯一标识元组的属性

4．以下说法正确的是(　　　)

A．字符型既可用单引号也可用双引号将串值括起来

B．字符型的 87398143 不参与计算

C．87398143 不能声明为数值型

D．数值型的 87398143 将参与计算

5．关于主键下列说法正确的是(　　　)

A．可以是表中的一个字段

B．是确定数据库中的表的记录的唯一标识字段

C．该字段不可为空也不可以重复

D．可以是表中的多个字段组成的

6．MySQL 支持哪些逻辑运算符(　　　)

A．&&　　　　　　B．||　　　　　　C．NOT　　　　　　D．AND

7．以下不属于浮点型的是(　　　)

A．smallint　　　　B．mediumint　　C．float　　　　　D．int

8．下列正确的命令是(　　　)

A．show tables;　　　　　　　　　B．show columns;

C．show columns from customers;　　D．show databases;

9．正则表达式中，重复元字符"*"表示(　　　)

A．无匹配　　　B．只匹配 1 个　　C．0 个匹配　　　　D．多个匹配

10．下面对 union 的描述正确的是(　　　)

A．union 只连接结果集完全一样的查询语句

B．union 可以连接结果集中数据类型个数相同的多个结果集

C．union 是筛选关键词，对结果集进行操作

D．任何查询语句都可以用 union 来连接

11．下列哪一个逻辑运算符的优先级排列不正确(　　　)

A．AND/NOT/OR　　B．NOT/AND/OR　　　C．OR/NOT /AND　　D．OR/AND/NOT

12．对某个数据库进行筛选后，(　　　)

A．可以选出符合某些条件组合的记录

B．不能选择出符合条件组合的记录

C．可以选出符合某些条件的记录

D．只能选择出符合某一条件的记录

13．下列语句错误的是(　　　)

A．select * from orders where ordername is not null;

B．select * from orders where ordername<>null;

C．select * from orders where ordername is null;

D．select * from orders where ordername not is null;

14．在下列关于关系的叙述中，正确的是(　　　)

A．行在表中的顺序无关紧要

B. 表中任意两行的值不能相同

C. 列在表中的顺序无关紧要

D. 表中任意两列的值不能相同

15. 下面系统中属于关系数据库管理系统的是(　　)

A. MS_SQL SERVER　　　　　　　　B. Oracle

C. IMS　　　　　　　　　　　　　　D. DB2

16. 下列是 MySQL 比较运算符的是(　　)

A. !=　　　　　　B. <>　　　　　　C. ==　　　　　　D. >=

17. Excel 中有关数据库内容，描述正确的有(　　)

A. 每一个 Excel 数据库对应一个工作簿文件

B. 一列为一个字段，描述实体对象的属性

C. Excel 数据库属于"关系数据模型"，又称为关系型数据库

D. 一行为一个记录，描述某个实体对象

18. 下面关于使用 UPDATE 语句，正确的是(　　)

A. 被定义为 NOT NULL 的列不可以被更新为 NULL

B. 不能在一个子查询中更新一个表，同时从同一个表中选择

C. 不能把 ORDER BY 或 LIMIT 与多表语法的 UPDATE 语句同时使用

D. 如果把一列设置为其当前含有的值，则该列不会更新

19. 关于 Excel 数据库应用的描述正确的有(　　)

A. 是一个数据清单　　　　　　B. 是按一定组织方式存储在一起的相关数据的集合

C. 是一个数组　　　　　　　　D. 是程序化的电子表格

20. 关于 DELETE 和 TRUNCATE TABLE 的说法，正确的是(　　)

A. 两者都可以删除指定条目的记录　　B. 前者可以删除指定条目的记录，后者不能

C. 两者都返回被删除记录的数目　　　D. 前者返回被删除记录数目，后者不返回

21. 关于游标，下列说法正确的是(　　)

A. 声明后必须打开游标以供使用　　B. 结束游标使用时，必须关闭游标

C. 使用游标前必须声明它　　　　　D. 游标只能用于存储过程和函数

22. 下列说法正确的是(　　)

A. 在 MySQL 中，不允许有空表存在，即一张数据表中不允许没有字段

B. 在 MySQL 中，对于存放在服务器上的数据库，用户可以通过任何客户端进行访问

C. 数据表的结构中包含字段名、类型、长度、记录

D. 字符型数据其常量标志是单引号和双引号，且两种符号可以混用

23. 下面数据库名称合法的是(　　)

A. db1/student　　　　　　　　B. db1.student

C. db1_student　　　　　　　　D. db1&student

24. 下面语句中，表示过滤条件是 vend_id=1002 或 vend_id=1003 的是(　　)

A. select * from products where vend_id=1002 or vend_id=1003

B. select * from products where vend_id in (1002,1003);

C. select * from products where vend_id not in (1004,1005);

D．select * from products where vend_id=1002 and vend_id=1003

25．下列哪些列类型是数值型的数据(　　　)

A．DOUBLE　　　　　B．INT　　　　　C．SET　　　　　D．FLOAT

26．以下否定语句搭配正确的是(　　　)

A．not in　　　　　B．in not　　　　　C．not between and　　　　　D．is not null

27．下面检索结果一定不是一行的命令是(　　　)

A．select distinct * from orders ;　　　　　B．select * from orders limit 1,2;

C．select top 1 * from orders;　　　　　D．select * from orders limit 1;

28．以下哪些是 MySQL 数据类型(　　　)

A．BIGINT　　　　　B．TINYINT　　　　　C．INTEGER　　　　　D．INT

29．关于 group by 以下语句正确的是(　　　)。

A．SELECT store_name　FROM Store_Information GROUP BY store_name

B．SELECT　SUM(sales)　FROM Store_Information GROUP BY　sales

C．SELECT store_name, price SUM(sales) FROM Store_Information GROUP BY store_name，price

D．SELECT store_name, SUM(sales)　FROM Store_Information GROUP BY store_name

30．在数据库系统中，有哪几种数据模型(　　　)

A．实体联系模型　　　B．关系模型　　　C．网状模型　　　　D．层次模型

31．关于 CREATE 语句下列说法正确的是(　　　)

A．create　table　表名(字段名 1　字段类型,字段名 2　字段类型,...)

B．create　tables　表名(字段类型,字段名 1　字段类型,字段名 2...)

C．create　tables　表名(字段名 1　字段类型,字段名 2　字段类型,...)

D．create　table　表名(字段类型,字段名 1　字段类型,字段名 2...)

32．以下说法正确的是(　　　)

A．一个服务器只能有一个数据库　　　B．一个服务器可以有多个数据库

C．一个数据库只能建立一张数据表　　　D．一个数据库可以建立多张数据表

33．下列说法正确的是(　　　)

A．一张数据表一旦建立完成，是不能修改的

B．在 MySQL 中，用户在单机上操作的数据就存放在单机中

C．在 MySQL 中，可以建立多个数据库，但也可以通过限定使用户只能建立一个数据库

D．要建立一张数据表，必须先建数据表的结构

34．"show databases like 'student%'"命令可以显示出以下哪个数据库(　　　)

A．student_my　　　B．studenty　　　C．mystudent　　　D．student

35．下面的选项是关系数据库基本特征的是(　　　)

A．与列的次序无关　　　　　B．不同的列应有不同的数据类型

C．不同的列应有不同的列名　　　D．与行的次序无关

36．在 MySQL 提示符下，输入____命令，可以查看由 MySQL 自己解释的命令(　　　)

A．\?　　　　　B．?　　　　　C．help　　　　　D．\h

37. 下列哪些数据是字符型数据(　　)

A. 中国　　　　　B. "1+2"　　　　C. "can't"　　　　D. "张三—李四"

38. 关于语句 limit 5,5，说法正确的是(　　)

A. 表示检索出第 5 行开始的 5 条记录　　　　B. 表示检索出行 6 开始的 5 条记录

C. 表示检索出第 6 行开始的 5 条记录　　　　D. 表示检索出行 5 开始的 5 条记录

39. SQL 语言集几个功能模块为一体，其中包括(　　)

A. C. DCL　　　B. DML　　　C. D. DNL　　　D. A. DDL

40. 下列说法正确的是(　　)

A. alter table user drop column sex;　　B. alter table user add sex varchar(20);

C. alter table user drop sex;　　D. alter table user modify id int primary key;

41. 视图一般不用于下列哪些语句(　　)

A. DELETE　　　B. SELECT　　　C. INSERT　　　D. UPDATE

42. 在算术运算符、比较运算符、逻辑运算符这三种符号中，它们的优先级排列不正确的是(　　)

A. 算术/逻辑/比较　　　　　　　B. 比较/逻辑/算术

C. 比较/算术/逻辑　　　　　　　D. 算术/比较/逻辑

43. 对同一存储过程连续两次执行命令 DROP PROCEDURE IF EXISTS，将会(　　)

A. 第一次执行删除存储过程，第二次产生一个错误

B. 第一次执行删除存储过程，第二次无提示

C. 存储过程不能被删除

D. 最终删除存储过程

44. 关于检索结果排序，正确的是(　　)

A. 关键字 DESC 表示降序，ASC 表示升序

B. 如果指定多列排序，只能在最后一列使用升序或降序关键字

C. 如果指定多列排序，可以在任意列使用升序或降序关键字

D. 关键字 ASC 表示降序，DESC 表示升序

45. 以下语句错误的是(　　)

A. SELECT rank, AVG(salary) FROM people GROUP BY rank　HAVING AVG(salary) > 1000

B. SELECT rank, AVG(salary) FROM people　HAVING AVG(salary) > 1000 GROUP BY rank;

C. SELECT　AVG(salary) FROM people GROUP BY rank　HAVING AVG(salary) > 1000;

D. SELECT rank, AVG(salary) FROM people GROUP BY rank　WHERE AVG(salary) > 1000;

46. 创建数据表时，下列哪些列类型的宽度是可以省略的(　　)

A. DATE　　　B. INT　　　C. CHAR　　　D. TEXT

47. 关于主键下列说法正确的是(　　)

A. 主键的值对用户而言没有什么意义

B．主键的主要作用是将记录和存放在其他表中的数据进行关联

C．一个主键是唯一识别一个表的每一记录

D．主键是不同表中各记录之间的简单指针

48．您需要显示从 2009 年 1 月 1 日到 2009 年 12 月 31 日雇佣的所有职员的姓名和雇佣日期。职员信息表 tblEmployees 包含列 Name 和列 HireDate，下面哪些语句能完成该功能?(　　)

A．SELECT Name, HireDate FROM tblEmployees

B．SELECT Name, HireDate FROM tblEmployees WHERE HireDate ='2009-01-01' OR '2009-12-31'

C．SELECT Name, HireDate FROM tblEmployees WHERE HireDate BETWEEN '2008-12-31' AND '2010-01-01'

D．SELECT Name, HireDate FROM tblEmployees WHERE substring(HireDate,1,4)=2009;

49．以下哪项是事务特性(　　)

A．独立性　　　　　B．持久性　　　　　C．原子性　　　　　D．　一致性

50．对于显示操作以下说法正确的是(　　)

A．show database；显示所有数据库　　　　B．show table；显示所有表

C．show tables；显示所有表　　　　　　　D．show databases；显示所有数据库

51．语句 select * from products where prod_name like '%se%'结果集包括(　　)

A．检索 products 表中 prod_name 字段以'se'结尾的数据

B．检索 products 表中 prod_name 字段以'se'开关的数据

C．检索 products 表中 prod_name 字段包含'se'的数据

D．检索 products 表中 prod_name 字段不包含'se'的数据

52．在 MySQL 提示符下可以输入一个 SQL 语句，并以(　　)结尾，然后按回车执行该语句

A．"\G"　　　B．"。"　　　C．"\g"　　　D．";"

53．关于 insert 语句下列说法正确的是(　　)

A．insert into 表名 values(字段名 1 对应的值);

B．insert into 表名 values(字段名 1 对应的值，字段名 2 对应的值);

C．insert into 表名(字段名 1) value (字段名 1 对应的值);

D．insert into 表名(字段名 1，字段名 2) values(字段名 1 对应的值，字段名 2 对应的值);

54．关系数据模型有哪些优点? (　　)

A．结构简单　　　　　　　　　　B．有标准语言

C．适用于集合操作　　　　　　　D．可表示复杂的语义

55．对某个数据库使用记录单，可以进行的记录操作有(　　)

A．删除　　　　　B．新建　　　　　C．还原　　　　　D．插入

56．关于 select 语句下列说法正确的是(　　)

A．select (name) from table person; 所有记录的 name 字段的值

B．select (name) from person where age=12 or name="aa"; or 或者

C．select (name) from table person where　age=12; 查找 age=12 的记录的那个字段的值

D．select (name，age) from person where age=12 and name="aa"; and　并且

57．在字符串比较中，下列哪些是不正确的(　　)

A．所有标点符号比数字大　　　　　　B．所有数字都比汉字大

C．所有英文比数字小　　　　　　　　D．所有英文字母都比汉字小

58．数据库信息的运行安全采取的主措施有(　　)

A．备份与恢复　　　　B．应急　　　　C．风险分析　　　　D．审计跟踪

三、填空题

1．select 9/3;的结果为＿＿＿＿。

2．补全语句:select vend_id,count(*) as num_prods from products group by ＿＿＿。

3．用 SELECT 进行模糊查询时，可以使用匹配符，但要在条件值中使用＿＿＿或%等通配符来配合查询。

4．当所查询的表不在当前数据库时，可用＿＿＿＿＿＿＿＿格式来指出表或视图对象。

5．语句 SELECT　"1+2"; 的显示结果是＿＿＿＿。

6．如果 MySQL 服务名为 MySQL5，则在 Windows 的命令窗口中，启动 MySQL 服务的指令是＿＿＿＿＿。

7．MySQL 是一种＿＿＿＿＿＿(多用户、单用户)的数据库管理系统。

8．select　'2.5a' +3;的结果为＿＿＿＿＿＿。

9．select (NULL<=>NULL) is NULL;的结果为＿＿＿＿＿＿＿。

10．创建数据表的命令语句是＿＿＿＿＿＿＿＿＿＿。

11．＿＿＿＿＿＿语句可以修改表中各列的先后顺序。

12．当某字段要使用 AUTO__INCREMENT 的属性时，该字段必须是＿＿＿类型的数据。

13．当某字段要使用 AUTO__INCREMENT 的属性时，除了该字段必须是指定的类型外，该字段还必须是＿＿＿＿。

14．在 SELECT 语句的 FROM 子句中最多可以指定＿＿＿＿个表或视图。

15．ODBC 是一种＿＿＿＿＿＿。

16．在 SELECT 语句的 FROM 子句中可以指定多个表或视图，相互之间要用＿＿＿＿分隔。

17．Table 'a1' already exists 这个错误信息的含义是＿＿＿＿＿＿＿＿＿。

18．对一个超过 200 个汉字的内容，应用一个＿＿＿＿型的字段来存放。

19．在 INSERT 触发器中，可以引用一个名为＿＿＿＿＿的虚拟表，访问被插入的行。

20．语句 SELECT　"张三\n 李四"的显示结果是＿＿＿＿＿＿＿＿。

21．smallint 数据类型占用的字节数分别为＿＿＿＿＿＿＿＿＿＿＿＿。

22．在 DELETE 触发器中，可以引用一个名为＿＿＿＿＿的虚拟表，访问被删除的行。

23．察看当前数据库中表名语句是＿＿＿＿＿＿＿＿。

24．删除表命令的语句是＿＿＿＿＿＿＿＿＿＿。

25．select 'Abc'='abc';的结果为＿＿＿＿＿＿＿。

26．select -2.0*4.0;的结果为＿＿＿＿＿＿＿＿。

27. tinyint 数据类型占用的字节数为_____。

28. 补全语句：select vend_id,count(*) from products where prod_price>=10 group by vend_id ____ count(*)>=2;

29. 计算字段的累加和的函数是：_____。

30. 用 SELECT 进行模糊查询时，可以使用_____匹配符。

四、判断题

1. 主键被强制定义成 NOT NULL 和 UNIQUE。 （ ）

2. select 语句的过滤条件既可以放在 where 子句中，也可以放在 from 子句中。 （ ）

3. 逻辑值的"真"和"假"可以用逻辑常量 TRUE 和 FALSE 表示。 （ ）

4. 如果在排序和分组的对象上建立了索引，可以极大地提高速度。 （ ）

5. 建立索引的目的在于加快查询速度以及约束输入的数据。 （ ）

6. UPDATE 语句可以有 WHERE 子句和 LIMIT 子句。 （ ）

7. x between y and z 等同于 x>y && x<z。 （ ）

8. MySQL 数据库管理系统只能在 Windows 操作系统下运行。 （ ）

9. 对于字符串型数据，空字符串 '' 就是 NULL，对于数值型数据，0 就是 NULL。

（ ）

10. LTRIM、RTRIM、TRIM 函数既能去除半角空格，又能去除全角空格。 （ ）

11. NULL 和 Null 都代表空值。 （ ）

12. 关系型数据库管理系统简称为 RDBMS。 （ ）

13. 用 union 上下连接的各个 select 都可以带有自己的 order by 子句。 （ ）

14. ALTER TABLE 语句可以修改表中各列的先后顺序。 （ ）

15. !=和<>都代表不等于。 （ ）

16. 所创建的数据库和表的名字，都可以使用中文。 （ ）

17. SELECT 语句的 ORDER BY 子句定义的排序表达式所参照的列甚至可以不出现在输出列表中。 （ ）

18. 在 C/S 模式中，客户端不能和服务器端安装在同一台机器上。 （ ）

19. UPDATE 语句修改的是表中数据行中的数据，也可以修改表的结构。 （ ）

20. create table 语句中有定义主键的选项。 （ ）

21. 结构化查询语言只涉及查询数据的语句，并不包括修改和删除数据的语句。

（ ）

22. 一句 delete 语句能删除多行。 （ ）

23. 字符串"2008-8-15"和整数 20080815 都可以代表 2008 年 8 月 15 日。 （ ）

24. INSERT 语句所插入的数据行数据可以来自另外一个 SELECT 语句的结果集。

（ ）

25. 所有 TIMESTAMP 列在插入 NULL 值时，自动填充为当前日期和时间。 （ ）

26. 带有 GROUP BY 子句的 SELECT 语句，结果集中每一个组只用一行数据来表示。

（ ）

27. UNION 中 ALL 关键字的作用是在结果集中所有行全部列出，不管是否有重复行。

（　　）

28．为了让 MySQL 较好地支持中文，在安装 MySQL 时，应该将数据库服务器的缺省字符集设定为 gb2312。　　　　　　　　　　　　　　　　　　　　　　　　（　　）

29．只能将表中的一个列定义为主键，不能将多个列定义为复合的主键。　（　　）

30．当一个表中所有行都被 delete 语句删除后，该表也同时被删除了。　　（　　）

五、简答题

1．什么是数据库镜像？它有什么用途？

2．为什么事务非正常结束时会影响数据库数据的正确性？

3．什么是物理设计？

4．什么是日志文件？为什么要设立日志文件？

5．在数据库系统生存期中，生存期的总开销可分为几项？

6．数据库中为什么要有恢复子系统？它的功能是什么？

7．数据库运行中可能产生的故障有哪几类？哪些故障会影响事务的正常执行？哪些故障会破坏数据库数据？

8．登记日志文件时为什么必须先写日志文件，后写数据库？

9．数据库转储的意义是什么？

10．试述事务的概念及事务的四个特性。

11．数据库恢复的基本技术有哪些？

12．数据库设计中规划阶段的主要任务是什么？

六、编程题

1．表名 User

Name	Tel	Content	Date
张三	13333663366	大专毕业	2006-10-11
张三	13612312331	本科毕业	2006-10-15
张四	021-55665566	中专毕业	2006-10-15

(a) 有一新记录(小王 13254748547 高中毕业 2007-05-06)，请用 SQL 语句新增至表中。

(b) 请用 SQL 语句把张三的时间更新成为当前系统时间。

(c) 请写出删除名为张四的全部记录。

2．当前数据库是 testdb，在该数据库中，有 students、scores、courses、majors 四个表，其结构及数据如下所列：

students

id	学号	int(11)
name	姓名	char(4)
sex	性别	char(1)
bofd	生日	date
mid	专业号	tinyint

1	张三	男	1980-12-03	1
2	王五	女	1980-09-22	3
3	李四	女	1981-03-04	2
4	赵六	女	1981-05-24	1
5	张建国	男	1980-06-02	4
6	赵娟	女	1980-08-30	2

scores

id	学号	char(10)
term	学期	tinyint
cid	课程编号	smallint
score	分数	numerirc(4,1)

1	1	2	80.0
1	2	2	76.0
2	1	3	60.0
2	2	3	65.0
3	4	1	66.0
3	4	2	NULL
3	4	4	81.0
3	4	6	70.0
5	1	2	67.0
6	1	2	50.0
6	2	2	87.0
6	2	3	86.0

courses

| cid | 课程编号 | smallint |
| cname | 课程名称 | chr(24) |

1	电子商务概论
2	C 语言程序设计
3	MySQL 数据库
4	php 程序设计
5	FoxPro 数据库
6	会计原理

majors

| mid | 专业号 | tinyint |
| mname | 专业名称 | chr(24) |

1	电子商务
2	商务英语
3	计算机硬件
4	计算机软件
5	社区管理
6	日语

不考虑学号、考试科目和学期，计算并列出所有考试成绩中，成绩为优的分数的累加值，和成绩为良的分数的平均值。优和良的界线是 90 分和 80 分(使用一句语句)。

3．当前数据库是 testdb，在该数据库中，有 students、scores、courses、majors 四个表，其结构及数据如下所列：

students

id	学号	int(11)
name	姓名	char(4)
sex	性别	char(1)
bofd	生日	date
mid	专业号	tinyint

1	张三	男	1980-12-03	1
2	王五	女	1980-09-22	3
3	李四	女	1981-03-04	2
4	赵六	女	1981-05-24	1
5	张建国	男	1980-06-02	4
6	赵娟	女	1980-08-30	2

scores

id	学号	char(10)
term	学期	tinyint
cid	课程编号	smallint
score	分数	numerirc(4,1)

1	1	2	80.0
1	2	2	76.0
2	1	3	60.0
2	2	3	65.0
3	4	1	66.0
3	4	2	NULL
3	4	4	81.0
3	4	6	70.0
5	1	2	67.0
6	1	2	50.0
6	2	2	87.0
6	2	3	86.0

courses

| cid | 课程编号 | smallint |
| cname | 课程名称 | chr(24) |

1	电子商务概论
2	C 语言程序设计
3	MySQL 数据库
4	php 程序设计
5	FoxPro 数据库
6	会计原理

majors

| mid | 专业号 | tinyint |
| mname | 专业名称 | chr(24) |

1	电子商务
2	商务英语
3	计算机硬件
4	计算机软件
5	社区管理
6	日语

将 students 表中的结构(主键和索引)和数据复制到一个新的 students1 表中(分两个步骤使用两句语句)。

4. 现有一销售表，表名是 sale，它的结构如下：

id	int	(标识号)
codno	char(7)	(商品编码)
codname	varchar(30)	(商品名称)
spec	varchar(20)	(商品规格)
price	numeric(10,2)	(价格)
sellnum	int	(销售数量)
deptno	char(3)	(售出分店编码)
selldate	datetime	(销售时间)

要求：写出查询销售时间段在 2002-2-15 日到 2002-4-29 日之间，分店编码是 01 的所有记录。

5. 编写一个返回表 products 中 prod_price 字段平均值且名称为 productpricing 的存储过程。

6. 创建一张学生表，表名 stu，包含以下信息：
学号、姓名(8 位字符)、年龄、性别(4 位字符)、家庭住址(50 位字符)、联系电话。